博文视点云原生精品丛书

深入浅出 Istio
Service Mesh 快速入门与实践

崔秀龙　著

电子工业出版社
Publishing House of Electronics Industry
北京·BEIJING

内 容 简 介

Google 联合 IBM、Lyft 推出的 Istio，一经问世就受到了人们的普遍关注，其热度迅速攀升，成为 Service Mesh（服务网格）方案的代表项目。本书整理了 Istio 中的部分概念和案例，以快速入门的形式，对 Istio 的基础用法一一进行讲解，并在书末给出一些试用方面的建议。

在本书中，前 3 章从微服务和服务网格的简短历史开始，讲述了服务网格的诞生过程、基本特性及 Istio 的核心功能，若对这些内容已经有所了解，则可以直接从第 4 章开始阅读；第 4、5 章分别讲解了 Istio 的配置和部署过程；第 6 章至第 9 章，通过多个场景来讲解 Istio 的常用功能；第 10 章结合了笔者的实践经验，为读者提供了 Istio 的一系列试用建议。本书没有采用官方复杂的 Book Info 应用案例，而是采用客户端+简单 HTTP 服务端的案例，读者随时都能在短时间内启动一个小的测试。

本书面向对服务网格技术感兴趣，并希望进一步了解和学习 Istio 的中高级技术人员，假设读者已经了解 Kubernetes 的相关概念并能够在 Kubernetes 上熟练部署和管理微服务。若希望全面、深入地学习 Kubernetes，可参考《Kubernetes 权威指南：从 Docker 到 Kubernetes 实践全接触》和《Kubernetes 权威指南：企业级容器云实战》。

未经许可，不得以任何方式复制或抄袭本书之部分或全部内容。
版权所有，侵权必究。

图书在版编目（CIP）数据

深入浅出 Istio：Service Mesh 快速入门与实践 / 崔秀龙著. —北京：电子工业出版社，2019.3
（博文视点云原生精品丛书）
ISBN 978-7-121-35964-4

Ⅰ. ①深… Ⅱ. ①崔… Ⅲ. ①互联网络－网络服务器 Ⅳ. ①TP368.5

中国版本图书馆 CIP 数据核字（2019）第 012183 号

责任编辑：张国霞
印　　刷：三河市双峰印刷装订有限公司
装　　订：三河市双峰印刷装订有限公司
出版发行：电子工业出版社
　　　　　北京市海淀区万寿路 173 信箱　邮编 100036
开　　本：787×980　1/16　印张：13.5　字数：210 千字
版　　次：2019 年 3 月第 1 版
印　　次：2019 年 3 月第 1 次印刷
印　　数：5000 册　　定价：79.00 元

凡所购买电子工业出版社图书有缺损问题，请向购买书店调换。若书店售缺，请与本社发行部联系，联系及邮购电话：（010）88254888，88258888。
质量投诉请发邮件至 zlts@phei.com.cn，盗版侵权举报请发邮件至 dbqq@phei.com.cn。
本书咨询联系方式：010-51260888-819，faq@phei.com.cn。

推荐序一

Service Mesh 是新兴的微服务架构，被誉为下一代微服务，是云原生技术栈的关键组件之一。从云原生演进的路线来看，Service Mesh 概念是云原生推进过程中的必然产物，基于云原生理念设计实现的微服务应用，需要一个通用的通信层对服务进行统一管控。将该通信层下沉为基础设施的一部分，将极大地减轻云原生应用的负担，并增强云原生应用的弹性和健壮性。

Istio 作为第 2 代 Service Mesh 产品的典型代表，在 Google、IBM 等公司的强力推动下，已经得到社区的广泛认可，成为 Service Mesh 的明星项目，并有可能在未来一两年内成为 Service Mesh 的事实标准，可谓前途远大。

但是，Istio 本身由于具备大量的功能特性和各种外围集成，加上本身在架构上有非常多的模型抽象和解耦设计，导致概念多、术语多、细节多、入门不易。秀龙的这本书，可以帮助读者从基本知识开始，一步一步地掌握 Istio 的知识点，在细致学习理论知识的同时，又有大量的实际操作，非常适合作为 Istio 的入门指引。

本书中的部分内容，得益于作者本人对 Istio 的深入了解和实践积累，秀龙对 Istio 的优缺点有深刻的见解，提供的试用建议非常中肯，对有意在实际项目中尝试使用 Istio 的同学会有非常大的参考价值，值得对 Service Mesh 技术感兴趣，想详细了解 Istio 架构体系，并掌握 Istio 日常使用方法的同学阅读。

蚂蚁金服高级技术专家、Service Mesh 布道师　敖小剑

推荐序二

以Kubernetes为代表的云原生应用的生命周期管理的成熟，为使用Kubernetes部署和管理微服务打下了坚实的基础。作为云原生基础设施的一部分，Service Mesh成为云原生演进的下一个重要方向。

秀龙作为畅销书《Kubernetes权威指南：从Docker到Kubernetes实践全接触》和《Kubernetes权威指南：企业级容器云实战》的作者，深刻理解Kubernetes在容器化应用编排管理方面的优势，也明白Kubernetes在微服务流量控制和管理方面的不足。Istio作为继Kubernetes之后Google参与的云原生开源力作，极大地弥补了Kubernetes的不足。秀龙写的这本《深入浅出Istio：Service Mesh快速入门与实践》可谓适时出版。

在与ServiceMesher社区成员交流的过程中，我发现Istio中的众多概念及复杂配置令人望而生畏，不利于理解和学习。秀龙经常活跃于社区中，热心解答社区成员的众多疑问。本书是秀龙对Istio实战经验的总结，可以帮助读者快速入门和实践。

蚂蚁金服云原生布道师 宋净超

前言

为什么写作本书

Google 联合 IBM、Lyft 推出的 Istio，一经问世就受到了人们的普遍关注，其热度迅速攀升，将 Service Mesh（服务网格）的命名者 Linkerd 远远抛在身后，成为 Service Mesh 方案的代表项目。笔者从 Istio 问世开始，便和 ServiceMesher 社区及众多同样看好 Istio 的朋友一起，持续关注和参与 Istio 项目，并在该过程中对 Service Mesh 的技术生态及 Istio 自身的来龙去脉有了一定的认识。

在和社区互动的过程中，笔者看到有很多用户对这一新生事物一头雾水，因此斗胆写作本书，将 Istio 中的部分概念和案例重新整理，以快速入门的形式，对 Istio 的基础用法一一进行讲解，并在书末给出一些试用方面的建议。

本书读者对象

本书面向对服务网格技术感兴趣，并希望进一步了解和学习 Istio 的中高级技术人员，假设读者已经了解 Kubernetes 的相关概念并能够在 Kubernetes 上熟练部署和管理微服务。若希望全面、深入地学习 Kubernetes，可参考《Kubernetes 权威指南：

从 Docker 到 Kubernetes 实践全接触》和《Kubernetes 权威指南：企业级容器云实战》。

本书概要

本书围绕 Istio 对服务网格的概念、历史和能力，以各种实例为基础，进行了易于上手和理解的讲解。

前 3 章从微服务和服务网格的简短历史开始，讲述了服务网格的诞生过程、基本特性及 Istio 的核心功能，若对这些内容已经有所了解，则可以直接从第 4 章开始阅读。

第 4、5 章分别讲解了 Istio 的配置和部署过程。

第 6 章至第 9 章，通过多个场景来讲解 Istio 的常用功能。本书没有采用官方复杂的复杂 Book Info 应用案例，而是采用客户端+简单 HTTP 服务端的案例，读者随时都能在短时间内启动一个小的测试。

第 10 章结合了笔者的实践经验，为读者提供了 Istio 的一系列试用建议。

希望读者能通过本书快速地对 Istio 的功能特性有一个基本认识，理解其中的优点和不足，并进一步试用和评估。

相关资源

为方便大家学习和实践，本书提供了两个应用项目，其中，sleep 客户端应用项目的地址为 https://github.com/fleeto/sleep，flaskapp 服务端应用项目的地址为 https://github.com/fleeto/flaskapp。另外，笔者深度参与的 Istio 官方文档汉化项目也已上线，地址为 https://istio.io/zh。

致谢

感谢永远不知道笔者在做什么的崔夫人的大力支持；

感谢电子工业出版社工作严谨、高效的张国霞编辑，她在成书过程中对笔者的指导、协助和鞭策，是本书得以完成的重要助力；

另外，笔者在学习、交流 Istio 的过程中，从敖小剑、宋净超两位大咖，以及他们创办的 Service Mesher 社区（http://www.servicemesher.com/）所聚集的大量服务网格技术爱好者身上获得很多启发，在此一并致以诚挚的谢意。

读者服务

轻松注册成为博文视点社区用户（www.broadview.com.cn），扫码直达本书页面。

- ◎ **提交勘误**：您对书中内容的修改意见可在 提交勘误 处提交，若被采纳，将获赠博文视点社区积分（在您购买电子书时，积分可用来抵扣相应金额）。
- ◎ **交流互动**：在页面下方 读者评论 处留下您的疑问或观点，与我们和其他读者一同学习交流。

页面入口：http://www.broadview.com.cn/35964

目录

第 1 章 服务网格的历史 1
    1.1 Spring Cloud 3
    1.2 Linkerd 4
    1.3 Istio 6
    1.4 国内服务网格的兴起 6

第 2 章 服务网格的基本特性 8
    2.1 连接 9
    2.2 安全 12
    2.3 策略 13
    2.4 观察 13

第 3 章 Istio 基本介绍 15
    3.1 Istio 的核心组件及其功能 16
        3.1.1 Pilot 16
        3.1.2 Mixer 18
        3.1.3 Citadel 20

目录

　　　3.1.4　Sidecar（Envoy） 20
　3.2　核心配置对象 21
　　　3.2.1　networking.istio.io 22
　　　3.2.2　config.istio.io 24
　　　3.2.3　authentication.istio.io 27
　　　3.2.4　rbac.istio.io 28
　3.3　小结 28

第 4 章　Istio 快速入门 29
　4.1　环境介绍 30
　4.2　快速部署 Istio 31
　4.3　部署两个版本的服务 33
　4.4　部署客户端服务 37
　4.5　验证服务 39
　4.6　创建目标规则和默认路由 39
　4.7　小结 42

第 5 章　用 Helm 部署 Istio 43
　5.1　Istio Chart 概述 44
　　　5.1.1　Chart.yaml 44
　　　5.1.2　values-*.yaml 45
　　　5.1.3　requirements.yaml 46
　　　5.1.4　templates/_affinity.tpl 47
　　　5.1.5　templates/sidecar-injector-configmap.yaml 47
　　　5.1.6　templates/configmap.yaml 48
　　　5.1.7　templates/crds.yaml 48
　　　5.1.8　charts 48
　5.2　全局变量介绍 49
　　　5.2.1　hub 和 tag 49
　　　5.2.2　ingress.enabled 50

5.2.3　Proxy 相关的参数 51
　　　5.2.4　proxy_init.image 53
　　　5.2.5　imagePullPolicy 53
　　　5.2.6　controlPlaneSecurityEnabled 53
　　　5.2.7　disablePolicyChecks 53
　　　5.2.8　enableTracing 53
　　　5.2.9　mtls.enabled 53
　　　5.2.10　imagePullSecrets 54
　　　5.2.11　arch 54
　　　5.2.12　oneNamespace 54
　　　5.2.13　configValidation 54
　　　5.2.14　meshExpansion 55
　　　5.2.15　meshExpansionILB 55
　　　5.2.16　defaultResources 55
　　　5.2.17　hyperkube 55
　　　5.2.18　priorityClassName 55
　　　5.2.19　crds 56
　　　5.2.20　小结 56
　5.3　Istio 安装清单的生成和部署 56
　　　5.3.1　编辑 values.yaml 56
　　　5.3.2　生成部署清单 58
　　　5.3.3　部署 Istio 58
　5.4　小结 59

第 6 章　Istio 的常用功能 60
　6.1　在网格中部署应用 61
　　　6.1.1　对工作负载的要求 63
　　　6.1.2　使用自动注入 64
　　　6.1.3　准备测试应用 69
　6.2　修改 Istio 配置 69

6.3 使用 Istio Dashboard 70
    6.3.1 启用 Grafana 70
    6.3.2 访问 Grafana 71
    6.3.3 开放 Grafana 服务 73
    6.3.4 学习和定制 74
6.4 使用 Prometheus 76
    6.4.1 访问 Prometheus 76
    6.4.2 开放 Prometheus 服务 77
    6.4.3 学习和定制 77
6.5 使用 Jaeger 77
    6.5.1 启用 Jaeger 78
    6.5.2 访问 Jaeger 78
    6.5.3 跟踪参数的传递 81
    6.5.4 开放 Jaeger 服务 86
6.6 使用 Kiali 87
    6.6.1 启用 Kiali 87
    6.6.2 访问 Kiali 88
    6.6.3 开放 Kiali 服务 92
6.7 小结 92

第 7 章 HTTP 流量管理

7.1 定义目标规则 94
7.2 定义默认路由 98
7.3 流量的拆分和迁移 101
7.4 金丝雀部署 105
7.5 根据来源服务进行路由 108
7.6 对 URI 进行重定向 110
7.7 通信超时控制 115
7.8 故障重试控制 116

7.9 入口流量管理 120
    7.9.1 使用 Gateway 开放服务 121
    7.9.2 为 Gateway 添加证书支持 123
    7.9.3 为 Gateway 添加多个证书支持 124
    7.9.4 配置入口流量的路由 126
7.10 出口流量管理 127
    7.10.1 设置 Sidecar 的流量劫持范围 128
    7.10.2 设置 ServiceEntry 129
7.11 新建 Gateway 控制器 131
7.12 设置服务熔断 134
7.13 故障注入测试 136
    7.13.1 注入延迟 137
    7.13.2 注入中断 138
7.14 流量复制 139

第 8 章 Mixer 适配器的应用 142

8.1 Mixer 适配器简介 143
8.2 基于 Denier 适配器的访问控制 144
8.3 基于 Listchecker 适配器的访问控制 146
8.4 使用 MemQuota 适配器进行服务限流 150
    8.4.1 Mixer 对象的定义 150
    8.4.2 客户端对象定义 152
    8.4.3 测试限流功能 153
    8.4.4 注意事项 154
8.5 使用 RedisQuota 适配器进行服务限流 155
    8.5.1 启动 Redis 服务 155
    8.5.2 定义限流相关对象 156
    8.5.3 测试限流功能 158
8.6 为 Prometheus 定义监控指标 158
    8.6.1 默认监控指标 159

    8.6.2 自定义监控指标 162

  8.7 使用 stdio 输出自定义日志 165

    8.7.1 默认的访问日志 167

    8.7.2 定义日志对象 169

    8.7.3 测试输出 170

  8.8 使用 Fluentd 输出日志 171

    8.8.1 部署 Fluentd 171

    8.8.2 定义日志对象 173

    8.8.3 测试输出 174

  8.9 小结 175

第 9 章 Istio 的安全加固 176

  9.1 Istio 安全加固概述 177

  9.2 启用 mTLS 179

  9.3 设置 RBAC 183

  9.4 RBAC 的除错过程 189

第 10 章 Istio 的试用建议 192

  10.1 Istio 自身的突出问题 193

  10.2 确定功能范围 194

  10.3 选择试用业务 196

  10.4 试用过程 197

    10.4.1 制定目标 197

    10.4.2 方案部署 198

    10.4.3 测试验证 200

    10.4.4 切换演练 201

    10.4.5 试点上线 201

第 1 章
服务网格的历史

要讨论服务网格（Service Mesh），就必须提到微服务。微服务（Microservices）自 2012 年被提出以来，就继承了传统 SOA 架构的基础，并在理论和工程实践中形成新的标准，热度不断攀升，甚至有成为默认软件架构的趋势。2014 年，马丁·福勒在 *Microservices* 一文中，对微服务做出了纲领性的定义，总结了微服务应该具备的特点，如下所述。

◎ 在结构上，将原有的从技术角度拆分的组件，升级为从业务角度拆分的独立运行的服务，这些服务具备各自的实现平台，并且独占自有数据，在服务之间以智能端点和哑管道的方式通信。

◎ 在工程上，从产品而非项目的角度进行设计，强调迭代、自动化和面向故障的设计方法。

微服务架构在很大程度上提高了应用的伸缩性，方便了部门或业务之间的协作，使技术岗位能够更好地引入新技术并提高自动化程度，最终达到减耗增效的目的。然而和所有新方法一样，微服务架构在解决老问题的同时，也带来了一些新问题，例如：

◎ 实例数量急剧增长，对部署和运维的自动化要求更高；
◎ 用网络调用代替内部 API，对网络这一不可靠的基础设施依赖增强；
◎ 调用链路变长，分布式跟踪成为必选项；
◎ 日志分散严重，跟踪和分析难度加大；
◎ 服务分散，受攻击面积更大；
◎ 在不同的服务之间存在协作关系，需要有更好的跨服务控制协调能力；
◎ 自动伸缩、路由管理、故障控制、存储共享，等等。

David Wheeler 曾说过："Any problem in computer science can be solved by another layer of indirection." 可将其理解为：计算机科学中的所有问题都可以在新的层次里间接地解决。微服务架构产生的新问题，同样可以在微服务之外的新的层次里间接地解决。

为了解决微服务架构产生的一些问题,以 Kubernetes 为代表的容器云系统出现了。这类容器云系统以容器技术为基础,在进程级别为微服务提供了一致的部署、调度、伸缩、监控、日志等功能。

然而,除了进程本身的问题,微服务之间的通信和联系更加复杂,其中的观测、控制和服务质量保障等都成为微服务方案的短板,因此随着 Kubernetes 成为事实标准,Service Mesh 顺势登场。

自 Service Mesh 技术诞生以来,国内外出现了很多产品,下面选择其中几个重要的产品和事件,大概理理 Service Mesh 相关产品的发展情况。

1.1 Spring Cloud

诞生于 2015 年的 Spring Cloud 应该是 Service Mesh 的老前辈了。事实上,时至今日,Spring Cloud 仍是 Service Mesh 的标杆。

Spring Cloud 最早在功能层面为微服务治理定义了一系列标准特性,例如智能路由、熔断机制、服务注册与发现等,并提供了对应的库和组件来实现这些标准特性。到目前为止,这些库和组件已被广泛采用。

但是,Spring Cloud 也有一些缺点,例如:

◎ 既博采众家之长,也导致了一种散乱的局面,即用户需要学习和熟悉各组件的"方言"并分别加以运维,这在客观上提高了应用门槛;
◎ 需要在代码级别对诸多组件进行控制,包括 Sidecar 在内的组件都依赖 Java 的实现,这和微服务的多语言协作目标是背道而驰的;
◎ 自身并没有对调度、资源、DevOps 等提供相关支持,需要借助其他平台来完成,然而目前的容器编排事实标准是 Kubernetes,二者的部分功能存在重合或者冲突，这在一定程度上影响了 Spring Cloud 的长远发展。

1.2　Linkerd

2016 年年初，原 Twitter 基础设施工程师 William Morgan 和 Oliver Gould 在 GitHub 上发布了 Linkerd 项目，并组建了 Buoyant 公司。同年，起源于 Buoyant 的新名词 Service Mesh 面世并迅速获得认可。紧接着，Buoyant 官网发表博客连载 *A Service Mesh for Kubernetes*，在渐入佳境的 Kubernetes 世界中打出了 "The services must mesh" 的口号，成为 Service Mesh 的第一批布道者。

Linkerd 很好地结合了 Kubernetes 所提供的功能，以此为基础，在每个 Kubernetes Node 上都部署运行一个 Linkerd 实例，用代理的方式将加入 Mesh 的 Pod 通信转接给 Linkerd，这样 Linkerd 就能在通信链路中完成对通信的控制和监控。

我们可以将原有的 Pod 通信理解为如图 1-1 所示的形式。

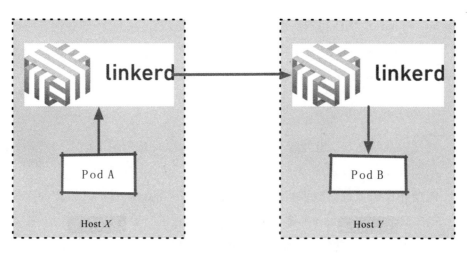

图 1-1

在笔者看来，Linkerd 除了完成对 Service Mesh 的命名，以及 Service Mesh 各主要功能的落地，还有以下重要创举：

◎ 无须侵入工作负载的代码，直接进行通信监视和管理；
◎ 提供了统一的配置方式，用于管理服务之间的通信和边缘通信；
◎ 除了支持 Kubernetes，还支持多种底层平台。

这些创举在日后也成为 Service Mesh 的部分基础特性并被沿袭下来。

Linkerd 在面世之后，迅速获得用户的关注，并在多个用户的生产环境上成功部署、运行。2017 年，Linkerd 加入 CNCF，随后宣布完成对千亿次生产环境请求的处理，紧接着发布了 1.0 版本，并且具备一定数量的商业用户，一时间风光无限，一直持续到 Istio 横空出世。

于 2017 年 5 月诞生的 Istio 给 Linkerd 带来了巨大的压力。同年 12 月，Buoyant 发布了新的 Service Mesh 产品 Conduit，产品架构从单一的 Linkerd 部署，变为采用 Rust Data Plan 结合 Go Control Plan 的方案，图 1-2 来自 Linkerd 官网。

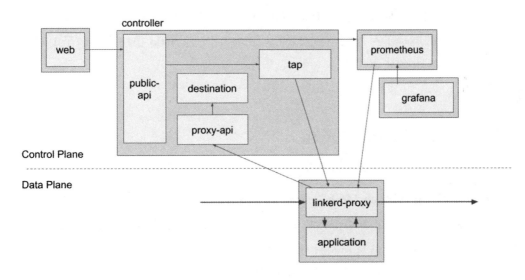

图 1-2

相对于 Linkerd 来说，Conduit 是一个更轻、更快的解决方案。然而社区的冷淡反应并未改变，Conduit 最终在 2018 年 9 月更名为 Linkerd 2.0，结束其历史使命。

1.3　Istio

2016 年，Lyft 开始了对现代网络代理软件 Envoy 的内部研发，并在同年 9 月将 Envoy 开源。由 C++语言开发而成的 Envoy 在开源之后，迅速获得了大量关注。它除了具备强大的性能，还提供了众多现代服务网格所需的功能特性，并开放了大量精雕细琢的编程接口，为后面的广泛应用埋下了伏笔。

2017 年 5 月，Google、IBM 和 Lyft 宣布了 Istio 的诞生。Istio 以 Envoy 为数据平面，通过 Sidecar 的方式让 Envoy 同业务容器一起运行，并劫持其通信，接受控制平面的统一管理，在此基础上为服务之间的通信提供丰富的连接、控制、观察、安全等特性。本书后续会对 Istio 进行较为详细的讲解，这里不再赘述。

Istio 一经发布，便立刻获得 Red Hat、F5 等大牌厂商的响应，虽然立足不稳，但各个合作方都展示了对社区、行业的强大影响力。于是，Istio 很快就超越了 Linkerd，成为 Service Mesh 的代表产品。

1.4　国内服务网格的兴起

前面提到，在 Service Mesh 这个概念得到具体定义之前，实际上已经有很多厂商开始了微服务进程，这一动作势必引发对微服务治理的强劲需求。在 Service Mesh 概念普及之后，有的厂商意识到自身产品也具备 Service Mesh 的特点，也有厂商受其启发，将自有的服务治理平台进行完善和改造，推出自己的 Service Mesh 产品。

例如，微博、腾讯和华为都推出自己的网格产品，华为的产品甚至已被投入公有云进行商业应用。

起初，Service Mesh 在国内被翻译为"服务啮合层"，后来 Service Mesh 专家敖小剑提议将其重新命名为"服务网格"，Service Mesh 这一名词才开始广泛流传，这可以说是国内服务网格布道工作的正式开始。

另外，蚂蚁金服的 SOFAMesh 针对其大流量生产场景，在 Istio 的架构基础上采用自研的 Sidecar 代替了 Envoy，并在强力推进。

第 2 章
服务网格的基本特性

Buoyant 公司的 CEO William，曾经给出对服务网格的定义：服务网格是一个独立的基础设施层，用来处理服务之间的通信。现代的云原生应用是由各种复杂技术构建的服务组成的，服务网格负责在这些组成部分之间进行可靠的请求传递。目前典型的服务网格通常提供了一组轻量级的网络代理，这些代理会在应用无感知的情况下，同应用并行部署、运行。

这里将 Istio 的特性总结如下。

- 连接：对网格内部的服务之间的调用所产生的流量进行智能管理，并以此为基础，为微服务的部署、测试和升级等操作提供有力保障。
- 安全：为网格内部的服务之间的调用提供认证、加密和鉴权支持，在不侵入代码的情况下，加固现有服务，提高其安全性。
- 策略：在控制面定制策略，并在服务中实施。
- 观察：对服务之间的调用进行跟踪和测量，获取服务的状态信息。

下面对这些特性展开详细描述。

2.1 连接

微服务错综复杂，要完成其业务目标，连接问题是首要问题。连接存在于所有服务的整个生命周期中，用于维持服务的运行，算得上重中之重。

相对于传统的单体应用，微服务的端点数量会急剧增加，现代的应用系统在部分或者全部生命周期中，都存在同一服务的不同版本，为不同的客户、场景或者业务提供不同的服务。同时，同一服务的不同版本也可能有不同的访问要求，甚至产生了在生产环境中进行测试的新方法论。错综复杂的服务关系对所有相关分工来说都是很严峻的考验。针对目前的常见业务形态，这里画一个简单的示意图来描述 Service Mesh 的连接功能，如图 2-1 所示。

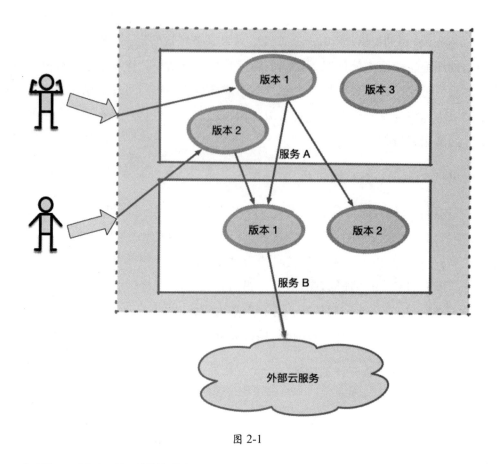

图 2-1

如图 2-1 所示，从不同的外部用户的角度来看，他们访问的都是同一服务端口，但实际上会因为不同的用户识别，分别访问服务 A 的不同版本；在网格内部，服务 A 的版本 1 可能会访问服务 B 的两个版本，服务 A 的版本 2 则只会访问服务 B 的版本 1；服务 B 的版本 1 需要访问外部的云服务，版本 2 则无此需求。

在这个简化的模型中，包含了以下诉求：

◎ 网格内部的调用（服务 A→服务 B）；

◎ 出站连接（服务 B→外部云服务）；

◎ 入站连接（用户→服务 A）；

◎ 流量分割（服务 A 的版本 1 分别调用了服务 B 的版本 1 和版本 2）；

◎ 按调用方的服务版本进行路由；

◎ 按用户身份进行路由。

这里除了这些问题，还存在一些潜在需求，如下所述。

（1）在网格内部的服务之间如何根据实际需要对服务间调用进行路由，条件可能包括：

◎ 调用的源和目的服务；

◎ 调用内容；

◎ 认证身份。

（2）如何应对网络故障或者服务故障。

（3）如何处理不同服务不同版本之间的关系。

（4）怎样对出站连接进行控制。

（5）怎样接收入站连接来启动后续的整个服务链条。

这些当然不是问题的全部，其中，与流量相关的问题还引发了几个关键的功能需求，如下所述。

（1）服务注册和发现：要求能够对网格中不同的服务和不同的版本进行准确标识，不同的服务可以经由同一注册机构使用公认的方式互相查找。

（2）负载均衡策略：不同类型的服务应该由不同的策略来满足不同的需要。

（3）服务流量特征：在服务注册发现的基础之上，根据调用双方的服务身份，以及服务流量特征来对调用过程进行甄别。

（4）动态流量分配：根据对流量特征的识别，在不同的服务和版本之间对流量进行引导。

连接是服务网格应用过程中从无到有的最重要的一个环节，后续会详细说明。

2.2 安全

安全也是一个常谈常新的话题，在过去私有基础设施结合单体应用的环境下，这一问题并不突出，然而进入容器云时代之后，以下问题出现了。

（1）有大量容器漂浮在容器云中，采用传统的网络策略应对这种浮动的应用是比较吃力的。

（2）在由不同的语言、平台所实现的微服务之间，实施一致的访问控制也经常会因为实现的不一致而困难重重。

（3）如果是共享集群，则服务的认证和加密变得尤为重要，例如：

◎ 服务之间的通信要防止被其他服务监听；
◎ 只有提供有效身份的客户端才可以访问指定的服务；
◎ 服务之间的互访应该提供更细粒度的控制功能。

总之，要提供网格内部的安全保障，就应具备服务通信加密、服务身份认证和服务访问控制（授权和鉴权）功能。

上述功能通常需要数字证书的支持，这就隐藏了对 CA 的需求，即需要完成证书的签发、传播和更新业务。

除了上述核心要求，还存在对认证失败的处理、外部证书（统一 CA）的接入等相关支撑内容。

2.3 策略

除了前面提到的安全问题，在由微服务构成的网格中，我们常常还需要进行一些控制，例如对调用频率的限制、对服务互访的控制，以及针对流量的一些限制和变更能力等。

在 Istio 中使用 Mixer 作为策略的执行者，Envoy 的每次调用，在逻辑上都会通过 Mixer 进行事先预检和事后报告，这样 Mixer 就拥有了对流量的部分控制能力；在 Istio 中还有为数众多的内部适配器及进程外适配器，可以和外部软件设施一同完成策略的制定和执行。

2.4 观察

随着服务数量的增加，监控和跟踪需求自然水涨船高。在很多情况下，可观察的保障都是系统功能的重要组成部分，是系统运维功能的重要保障。

随着廉价服务器（相对于传统小型机）的数量越来越多，服务器发生故障的频率也越来越高，人们开始对 Cattle vs. Cat 产生争论：我们应该将服务器视为家畜还是宠物？家畜的特点是有功能、无个性、可替换；而宠物的特点是有功能、有个性、难替换。

我们越来越倾向于将服务器视为无个性、可替换的基础设施，如果主机发生故障，那么直接将其替换即可；并且，我们更加关注的是服务的总体质量。因此，微服务系统监控，除了有传统的主机监控，还更加重视高层次的服务健康监控。

服务的健康情况往往不是非黑即白的离散值，而是一系列连续状态，例如我们经常需要关注服务的调用成功率、响应时间、调用量、传输量等表现。

而且，面对数量众多的服务，我们应该能对各种级别和层次的指标进行采样、采集及汇总，获取较为精密、翔实的运行数据，最终通过一定的方法进行归纳总结和展示。

与此同时，服务网格还应提供分布式跟踪（Distributed Tracing）功能，对服务的调用链路进行跟踪。

第 3 章

Istio 基本介绍

前面提到，Istio 出自名门，由 Google、IBM 和 Lyft 在 2017 年 5 月合作推出，它的初始设计目标是在 Kubernetes 的基础上，以非侵入的方式为运行在集群中的微服务提供流量管理、安全加固、服务监控和策略管理等功能。

除了前面提到的服务网格基本功能，Istio 还提供了对物理机和 Consul 的注册服务的支持，并提供了接口，用适配器与外界的第三方 IT 系统进行对接。Kubernetes 是其主要支持的平台，对其他平台的支持还很初级，如果没有自研功能，则不建议尝试，本书也不会提及这一部分内容。

3.1 Istio 的核心组件及其功能

Istio 总体来说分为两部分：控制面和数据面，如下所述。

- ◎ 数据面被称为"Sidecar"，可将其理解为旧式三轮摩托车的挂斗。Sidecar 通过注入的方式和业务容器共存于一个 Pod 中，会劫持业务应用容器的流量，并接受控制面组件的控制，同时会向控制面输出日志、跟踪及监控数据。
- ◎ 控制面是 Istio 的核心，管理 Istio 的所有功能。

Istio 的主要组件及其相互关系大致如图 3-1 所示。

下面对这些关键组件进行讲解。

3.1.1 Pilot

Pilot 是 Istio 的主要控制点，Istio 的流量就是由 Pilot 管理的（具体执行是由 Sidecar 完成的，在后面的章节中会讲到）。

第 3 章 Istio 基本介绍

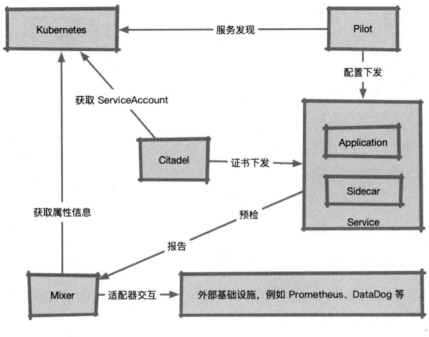

图 3-1

在整个系统中，Pilot 完成以下任务：

◎ 从 Kubernetes 或者其他平台的注册中心获取服务信息，完成服务发现过程；
◎ 读取 Istio 的各项控制配置，在进行转换之后，将其发给数据面进行实施。

Pilot 的配置内容会被转换为数据面能够理解的格式，下发给数据面的 Sidecar，Sidecar 根据 Pilot 指令，将路由、服务、监听、集群等定义信息转换为本地配置，完成控制行为的落地。如图 3-2 所示为 Pilot 的工作示意图。

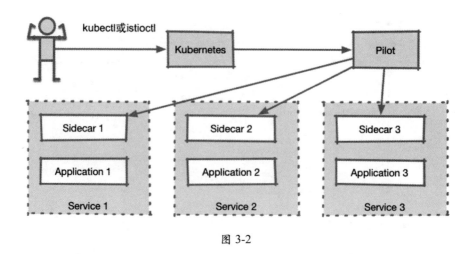

图 3-2

图 3-2 也简要说明了 Pilot 的工作流程：

（1）用户通过 kubectl 或 istioctl（当然也可以通过 API）在 Kubernetes 上创建 CRD 资源，对 Istio 控制平面发出指令；

（2）Pilot 监听 CRD 中的 config、rbac、networking 及 authentication 资源，在检测到资源对象的变更之后，针对其中涉及的服务，发出指令给对应服务的 Sidecar；

（3）Sidecar 根据这些指令更新自身配置，根据配置修正通信行为。

3.1.2 Mixer

Mixer 的职责主要有两个：预检和汇报。如图 3-3 所示是 Mixer 的一个简单工作示意图。

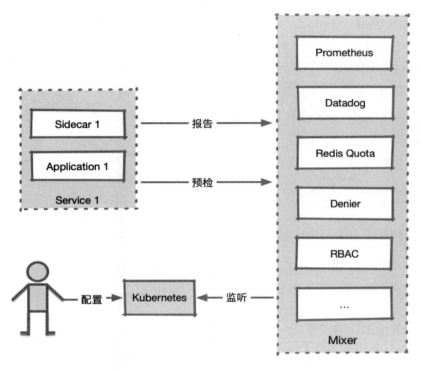

图 3-3

如图 3-3 所示，Mixer 的简单工作流程如下。

（1）用户将 Mixer 配置发送到 Kubernetes 中。

（2）Mixer 通过对 Kubernetes 资源的监听，获知配置的变化。

（3）网格中的服务在每次调用之前，都向 Mixer 发出预检请求，查看调用是否允许执行。在每次调用之后，都发出报告信息，向 Mixer 汇报在调用过程中产生的监控跟踪数据。

如图 3-3 所示，在 Mixer 中包含多个被称为 Adapter 的组件，这些组件用来处理在 Mixer 中接收的预检和报告数据，从而完成 Mixer 的各种功能。

3.1.3　Citadel

Citadel 在 Istio 的早期版本中被称为 Istio-CA，不难看出，它是用于证书管理的。在集群中启用了服务之间的加密之后，Citadel 负责为集群中的各个服务在统一 CA 的条件下生成证书，并下发给各个服务中的 Sidecar，服务之间的 TLS 就依赖这些证书完成校验过程。

3.1.4　Sidecar（Envoy）

Sidecar 就是 Istio 中的数据面，负责控制面对网格控制的实际执行。

Istio 中的默认 Sidecar 是由 Envoy 派生出来的，在理论上，只要支持 Envoy 的 xDS 协议，其他类似的反向代理软件就都可以代替 Envoy 来担当这一角色。

在 Istio 的默认实现中，Istio 利用 istio-init 初始化容器中的 iptables 指令，对所在 Pod 的流量进行劫持，从而接管 Pod 中应用的通信过程，如此一来，就获得了通信的控制权，控制面的控制目的最终得以实现。

注入 Sidecar 前后的通信模式变化如图 3-4 所示。

熟悉 Kubernetes 的读者应该都知道，在同一个 Pod 内的多个容器之间，网络栈是共享的，这正是 Sidecar 模式的实现基础。从图 3-4 中可以看到，Sidecar 在加入之后，原有的源容器→目的容器的直接通信方式，变成了源容器→Sidecar→Sidecar→目的容器的模式。而 Sidecar 是用来接受控制面组件的操作的，这样一来，就让通信过程中的控制和观察成为可能。

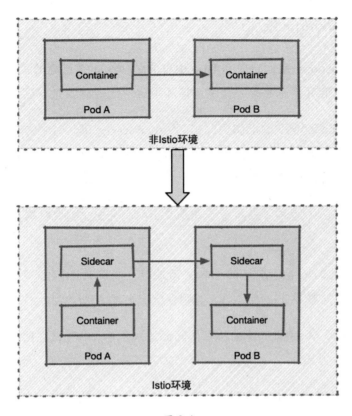

图 3-4

3.2 核心配置对象

Istio 在安装过程中会进行 CRD 的初始化，在 Kubernetes 集群中注册一系列的 CRD。CRD 在注册成功之后，会建立一些基础对象，完成 Istio 的初始设置。

在前面介绍组件时曾多次提到，用户利用 Istio 控制微服务通信，是通过向 Kubernetes 提交 CRD 资源的方式完成的。Istio 中的资源分为三组进行管理，分别是 networking.istio.io、config.istio.io 及 authentication.istio.io，下面将分别进行介绍。

3.2.1　networking.istio.io

networking.istio.io 系列对象在 Istio 中可能是使用频率最高的，Istio 的流量管理功能就是用这一组对象完成的，这里选择其中最常用的对象进行简单介绍。

在 networking.istio.io 的下属资源中，VirtualService 是一个控制中心。它的功能简单说来就是：定义一组条件，将符合该条件的流量按照在对象中配置的对应策略进行处理，最后将路由转到匹配的目标中。下面列出几个典型的应用场景。

（1）来自服务 A 版本 1 的服务，如果要访问服务 B，则要将路由指向服务 B 的版本 2。

（2）在服务 X 发往服务 Y 的 HTTP 请求中，如果 Header 包含 "canary=true"，则把服务目标指向服务 Y 的版本 3，否则发给服务 Y 的版本 2。

（3）为从服务 M 到服务 N 的所有访问都加入延迟，以测试在网络状况不佳时的表现。

可以看出，这方面的功能是比较复杂的，因此其中包含的行为定义也一定不简单。Istio 对路由管理做了很好的抽象。图 3-5 展示了流量访问流程中的几个关键对象。

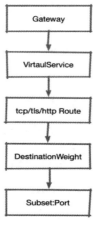

图 3-5

1．Gateway

在访问服务时，不论是网格内部的服务互访，还是通过 Ingress 进入网格的外部流量，首先要经过的设施都是 Gateway。Gateway 对象描述了边缘接入设备的概念，其中包含对开放端口、主机名及可能存在的 TLS 证书的定义。网络边缘的 Ingress 流量，会通过对应的 Istio Ingress Gateway Controller 进入；网格内部的服务互访，则通过虚拟的 mesh 网关进行（mesh 网关代表网格内部的所有 Sidecar）。

Pilot 会根据 Gateway 和主机名进行检索，如果存在对应的 VirtualService，则交由 VirtualService 处理；如果是 Mesh Gateway 且不存在对应这一主机名的 VirtualService，则尝试调用 Kubernetes Service；如果不存在，则发生 404 错误。

2．VirtualService

VirtualService 对象主要由以下部分组成。

（1）Host：该对象所负责的主机名称，如果在 Kubernetes 集群中，则这个主机名可以是服务名。

（2）Gateway：流量的来源网关，在后面会介绍网关的概念。如果这一字段被省略，则代表使用的网关名为"mesh"，也就是默认的网格内部服务互联所用的网关。

（3）路由对象：网格中的流量，如果符合前面的 Host 和 Gateway 的条件，就需要根据实际协议对流量的处理方式进行甄别。其原因是：HTTP 是一种透明协议，可以经过对报文的解析，完成更细致的控制；而对于原始的 TCP 流量来说，就无法完成过于复杂的任务了。

3．TCP/TLS/HTTP Route

路由对象目前可以是 HTTP、TCP 或者 TLS 中的一个，分别针对不同的协议进行工作。每种路由对象都至少包含两部分:匹配条件和目的路由。例如，在 HTTPRoute

对象中就包含用于匹配的 HTTPMatchRequest 对象数组，以及用于描述目标服务的 DestinationWeight 对象，并且 HTTPMatchRequest 的匹配条件较为丰富，例如前面提到的 http header 或者 uri 等。除此之外，HTTP 路由对象受益于 HTTP 的透明性，包含很多专属的额外特性，例如超时控制、重试、错误注入等。相对来说，TCPRoute 简单很多，它的匹配借助资源 L4MatchAttributes 对象完成，其中除 Istio 固有的源标签和 Gateway 外，仅包含地址和端口。

在匹配完成后，自然就是选择合适的目标了。

4．DestinationWeight

各协议路由的目标定义是一致的，都由 DestinationWeight 对象数组来完成。DestinationWeight 指到某个目标（Destination 对象）的流量权重，这就意味着，多个目标可以同时为该 VirtualService 提供服务，并按照权重进行流量分配。

5．Destination

目标对象（Destination）由 Subset 和 Port 两个元素组成。Subset 顾名思义，就是指服务的一个子集，它在 Kubernetes 中代表使用标签选择器区分的不同 Pod（例如两个 Deployment）。Port 代表的则是服务的端口。

6．小结

至此，流量经过多个对象的逐级处理，成功到达了 Pod，在第 7 章会通过不同的案例来展示与 Istio 流量管理相关的功能。

3.2.2　config.istio.io

config.istio.io 中的对象用于为 Mixer 组件提供配置。在 3.1 节中讲到，Mixer 提供了预检和报告这两个功能，这两个功能看似简单，但是因为大量适配器的存在，变得相当复杂。图 3-6 简单展示了 Mixer 对数据的处理过程。

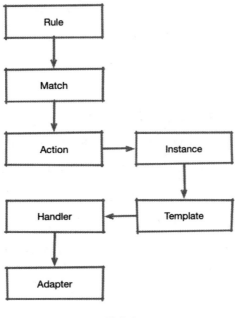

图 3-6

1. Rule

Rule 对象是 Mixer 的入口，其中包含一个 match 成员和一个逻辑表达式，只有符合表达式判断的数据才会被交给 Action 处理。逻辑表达式中的变量被称为 attribute（属性），其中的内容来自 Envoy 提交的数据。

2. Action

Action 负责解决的问题就是：将符合入口标准的数据，在用什么方式加工之后，交给哪个适配器进行处理。Action 包含两个成员对象：一个是 Instance，使用 Template 对接收到的数据进行处理；一个是 Handler，代表一个适配器的实例，用于接收处理后的数据。

3．Instance

Instance 主要用于为进入的数据选择一个模板，并在数据中抽取某些字段作为模板的参数，传输给模板进行处理。

4．Adapter

Adapter 在 Istio 中只被定义为一个行为规范，而一些必要的实例化数据是需要再次进行初始化的，例如 RedisQuota 适配器中的 Redis 地址，或者 listchecker 中的黑白名单等，只有这些数据得到正式的初始化，Adapter 才能被投入使用。

经过 Handler 实例化之后的 Adapter，就具备了工作功能。有些 Adapter 是 Istio 的自身实现，例如前面提到的 listchecker 或者 memquota；有些 Adapter 是第三方服务，例如 Prometheus 或者 Datadog 等。Envoy 传出的数据将会通过这些具体运行的 Adapter 的处理，得到预检结果，或者输出各种监控、日志及跟踪数据。

5．Template

顾名思义，Template 是一个模板，用于对接收到的数据进行再加工。

进入 Mixer 中的数据都来自 Sidecar，但是各种适配器应对的需求各有千秋，甚至同样一个适配器，也可能接收各种不同形式的数据（例如 Prometheus 可能会在同样一批数据中获取不同的指标），Envoy 提供的原始数据和适配器所需要的输入数据存在格式上的差别，因此需要对原始数据进行再加工。

Template 就是这样一种工具，在用户编制模板对象之后，经过模板处理的原始数据会被转换为符合适配器输入要求的数据格式，这样就可以在 Instance 字段中引用了。

6. Handler

Handler 对象用于对 Adapter 进行实例化。

这组对象的命名非常令人费解，但是从其功能列表中可以看出，Mixer 管理了所有第三方资源的接入，大大扩展了 Istio 的作用范围，其应用难度自然水涨船高，应该说还是可以理解的。

3.2.3 authentication.istio.io

这一组 API 用于定义认证策略。它在网格级别、命名空间级别及服务级别都提供了认证策略的要求，要求在内容中包含服务间的通信认证，以及基于 JWT 的终端认证。这里简单介绍其中涉及的对象。

1. Policy

Policy 用于指定服务一级的认证策略，如果将其命名为"default"，那么该对象所在的命名空间会默认采用这一认证策略。

Policy 对象由两个部分组成：策略目标和认证方法。

◎ 策略目标包含服务名称（或主机名称）及服务端口号。
◎ 认证方法由两个可选部分组成，分别是用于设置服务间认证的 peers 子对象，以及用于设置终端认证的 origins 子对象。

2. MeshPolicy

MeshPolicy 只能被命名为"default"，它代表的是所有网格内部应用的默认认证策略，其余部分内容和 Policy 一致。

3.2.4　rbac.istio.io

在 Istio 中实现了一个和 Kubernetes 颇为相似的 RBAC（基于角色的）访问控制系统，其主要对象为 ServiceRole 和 ServiceRoleBinding。

1．ServiceRole

ServiceRole 由一系列规则（rules）组成，每条规则都对应一条权限，其中描述了权限所对应的服务、服务路径及方法，还包含一组可以进行自定义的约束。

2．ServiceRoleBinding

和 Kubernetes RBAC 类似，该对象用于将用户主体（可能是用户或者服务）和 ServiceRole 进行绑定。

3.3　小结

根据前面几节的介绍，相信读者已经感受到了 Istio 的繁杂，那么 Istio 是否提供了足够强大的应用功能来撑起这份繁杂呢？从下一章开始，我们会从快速入门 Istio 开始，进入 Istio 在各种场景下各种功能的实现环节，并通过较为实际的应用测试，一方面加深对 Istio 的认识，另一方面对其功能进行合适的评估。

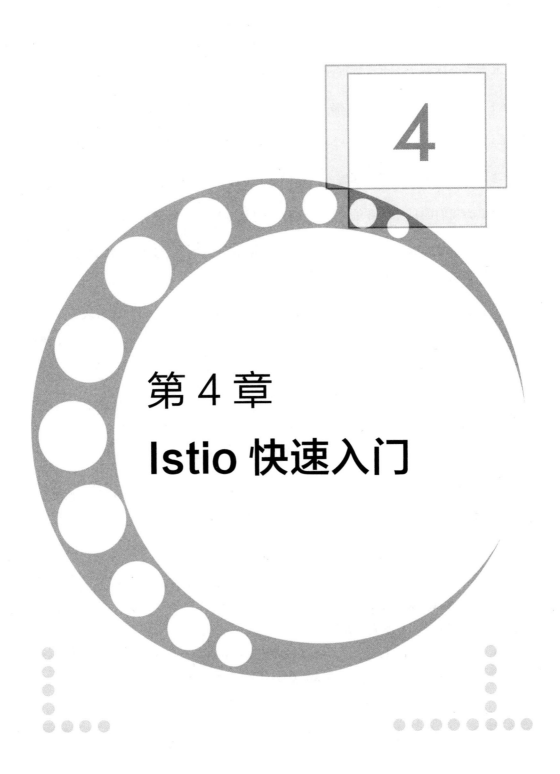

第 4 章
Istio 快速入门

本章将会用一个小例子来展示 Istio 在流量管理方面的能力，展示流程如下：

（1）使用一个现有的 Istio 部署文件的默认配置来完成 Istio 的安装；

（2）使用 Deployment 将一个应用的两个版本作为测试服务部署到网格中；

（3）将一个客户端服务部署到网格中进行测试；

（4）为我们的目标服务编写策略文件，对目标服务的流量进行管理；

（5）在测试服务中用不同的 HTTP 头调用目标服务，验证返回的内容是否符合我们在第 3 步中定义的流量管理策略。

在 Istio 官网也提供了 Bookinfo 应用进行演示，然而这个应用本身就较为复杂，很多结果验证都需要使用浏览器重复刷新来完成，因此本书对测试案例进行了重新设计。

4.1 环境介绍

本书仅围绕 Kubernetes 环境下的 Istio 安装和使用进行讲解，这里也仅给出对 Kubernetes 环境的要求：

- Kubernetes 1.9 或以上版本；
- 具备管理权限的 kubectl 及其配置文件，能够操作测试集群；
- Kubernetes 集群要有获取互联网镜像的能力（在第 5 章中会介绍从私有镜像库中拉取 Istio 镜像的方法）；
- 要支持 Istio 的自动注入功能，需要检查 Kubernetes API Server 的启动参数，保证其中的 admission control 部分按顺序启用 MutatingAdmissionWebhook 和 ValidatingAdmissionWebhook。

4.2 快速部署 Istio

Istio 的发布页面位于 https://github.com/istio/istio/releases/，其中包含各个客户端平台下 Istio 的各个版本，例如 OS X 下 Istio 1.0.4 版本的安装包名称为 istio-1.0.4-osx.tar.gz。在下载安装包后进行解压。

接下来，进入解压后的安装目录；将 bin 目录中的 istioctl 复制到一个 PATH 包含的路径中，例如 cp bin/istioctl /usr/local/bin；之后开始部署 Istio：

```
$ kubectl apply -f install/kubernetes/istio-demo.yaml
```

在部署开始后，可以看到类似下面的输出内容：

```
……
configmap/istio created
configmap/istio-sidecar-injector created
serviceaccount/istio-galley-service-account created
serviceaccount/istio-egressgateway-service-account created
……
clusterrole.rbac.authorization.k8s.io/istio-grafana-post-install-istio
-system created
clusterrolebinding.rbac.authorization.k8s.io/istio-grafana-post-instal
l-role-binding-istio-system created
job.batch/istio-grafana-post-install created
……
serviceaccount/prometheus created
serviceaccount/istio-cleanup-secrets-service-account created
clusterrole.rbac.authorization.k8s.io/istio-cleanup-secrets-istio-syst
em created
……
customresourcedefinition.apiextensions.k8s.io/instances.config.istio.i
o created
customresourcedefinition.apiextensions.k8s.io/templates.config.istio.i
```

```
o created
......
kubernetes.config.istio.io/attributes created
destinationrule.networking.istio.io/istio-policy created
destinationrule.networking.istio.io/istio-telemetry created
```

不难看出，除了常见的 Deployment、Service、Configmap、ServiceAccount 等 Kubernetes 对象，这里还创建了大量的 CRD 及各种 CRD 的下属资源。

运行如下命令，查看 istio-system 命名空间中的 Pod 启动状况，其中的-w 参数用于持续查询 Pod 状态的变化：

```
$ kubectl get pods -n istio-system -w
NAME                                        READY   STATUS      RESTARTS   AGE
grafana-59b787b9b-ncw59                     1/1     Running     0          15m
istio-citadel-5d8956cc6-b4m7w               1/1     Running     0          15m
istio-cleanup-secrets-m9xlk                 0/1     Completed   0          17m
istio-egressgateway-7cf89fb4f7-b4wk5        1/1     Running     0          15m
istio-galley-6975b6bd45-qm79m               1/1     Running     0          15m
istio-ingressgateway-6996d566d4-vm2ws       1/1     Running     0          15m
istio-pilot-ccdc987c7-bjfbc                 2/2     Running     0          15m
istio-policy-5b99bdc4f-dpcb8                2/2     Running     0          15m
istio-sidecar-injector-575597f5cf-5fp4w     1/1     Running     0          15m
istio-telemetry-6bf849d48d-zgcdq            2/2     Running     0          15m
istio-tracing-7596597bd7-fmngj              1/1     Running     0          15m
prometheus-76db5fddd5-z4tc9                 1/1     Running     0          15m
servicegraph-758f96bf5b-4gscm               1/1     Running     1          15m
```

在列表中会看到有的 Pod 状态为 Completed，不用担心，这是在安装过程中运行的一些 Job 留下的 Pod，Completed 状态说明 Job 执行成功。

4.3 部署两个版本的服务

我们在这里将一段简单的 Python 脚本作为服务端。读者不熟悉 Python 也没有关系，任务所涉及的镜像已经完成构建并推送到了 DockerHub，可以直接使用。

这段脚本是一个 Flask 应用，提供了两个 URL 路径：一个是/env，用于获取容器中的环境变量，例如 http://flaskapp/env/version；另一个是/fetch，用于获取在参数 url 中指定的网址的内容，例如 http://flaskapp/fetch?url=http://weibo.com。

代码部分非常简单，如下所示：

```python
#!/usr/bin/env python3
from flask import Flask, request
import os
import urllib.request

app = Flask(__name__)

@app.route('/env/<env>')
def show_env(env):
    return os.environ.get(env)

@app.route('/fetch')
def fetch_env():
    url = request.args.get('url', '')
    with urllib.request.urlopen(url) as response:
        return response.read()

if __name__ == "__main__":
    app.run(host="0.0.0.0", port=80, debug=True)
```

需要注意的是,这里的 fetch 方法是个后门方法,有非常大的安全风险,不建议在正式环境下运行。

我们为这个 App 创建两个 Deployment,将其分别命名为 flaskapp-v1 和 flaskapp-v2;同时创建一个 Service,将其命名为 flaskapp。将下面的内容保存为 flaskapp.istio.yaml:

```yaml
apiVersion: v1
kind: Service
metadata:
  name: flaskapp
  labels:
    app: flaskapp
spec:
  selector:
    app: flaskapp
  ports:
    - name: http
      port: 80
---
apiVersion: extensions/v1beta1
kind: Deployment
metadata:
  name: flaskapp-v1
spec:
  replicas: 1
  template:
    metadata:
      labels:
        app: flaskapp
        version: v1
    spec:
      containers:
      - name: flaskapp
        image: dustise/flaskapp
        imagePullPolicy: IfNotPresent
```

```
      env:
      - name: version
        value: v1
---
apiVersion: extensions/v1beta1
kind: Deployment
metadata:
  name: flaskapp-v2
spec:
  replicas: 1
  template:
    metadata:
      labels:
        app: flaskapp
        version: v2
    spec:
      containers:
      - name: flaskapp
        image: dustise/flaskapp
        imagePullPolicy: IfNotPresent
        env:
        - name: version
          value: v2
```

在上面的 YAML 源码中有以下需要注意的地方。

◎ 两个版本的 Deployment 的镜像是一致的，但使用了不同的 version 标签进行区分，分别是 v1 和 v2。

◎ 在两个版本的 Deployment 容器中都注册了一个被命名为 version 的环境变量，取值分别为 v1 和 v2。

◎ 两个 Deployment 都使用了 app 和 version 标签，在 Istio 网格应用中通常会使用这两个标签作为应用和版本的标识。

◎ Service 中的 Selector 仅使用了一个 app 标签，这意味着该 Service 对两个 Deployment 都是有效的。

◎ 将在 Service 中定义的端口根据 Istio 规范命名为 http。在后续的章节中会讲解详细的工作负载文件编写要求。

接下来使用 istioctl 进行注入。之后会一直用到 istioctl 命令,它的基本作用就是修改 Kubernetes Deployment,在 Pod 中注入在前面提到的 Sidecar 容器,这些会在 6.1 节进行详细讲解。通常为了方便,我们会使用一个管道命令,在将 YAML 文件通过 istioctl 处理之后,通过命令行管道输出给 kubectl,最终提交到 Kubernetes 集群。命令如下:

```
$ istioctl kube-inject -f flask.istio.yaml | kubectl apply -f -
service/flaskapp created
deployment.extensions/flaskapp-v1 created
deployment.extensions/flaskapp-v2 created
```

在创建之后,查看创建出来的 Pod:

```
$ kubectl get po -w
NAME                           READY   STATUS    RESTARTS   AGE
flaskapp-v1-6647dd84b9-2ndf4   2/2     Running   0          53s
flaskapp-v2-68b6d7698f-zs9ll   2/2     Running   0          49s
```

可以看到,每个 Pod 都变成了两个容器,这也就是 Istio 注入 Sidecar 的结果。可以使用 kubectl describe po 命令查看 Pod 的容器:

```
$ kubectl describe po flaskapp-v1-6647dd84b9-2ndf4
……
Init Containers:
  istio-init:
……
Containers:
  flaskapp:
……
    Image:          dustise/flaskapp
    Image ID:       docker
……
    Environment:
```

```
    version: v2
……
  istio-proxy:
   Image:         docker.io/istio/proxyv2:1.0.4
……
```

不难发现，在这个 Pod 中多了一个容器，名称为 istio-proxy，这就是注入的结果。另外，前面还有一个名称为 istio-init 的初始化容器，这个容器是用于初始化劫持的。对于这些内容，之后会进行详细讲解。

4.4 部署客户端服务

客户端服务很简单，只是使用了一个已安装好各种测试工具的镜像，具体的测试可以在其内部的 Shell 中完成。同样，编写一个 YAML 文件，将其命名为 sleep.yaml：

```
apiVersion: v1
kind: Service
metadata:
  name: sleep
  labels:
    app: sleep
    version: v1
spec:
  selector:
    app: sleep
    version: v1
  ports:
    - name: ssh
      port: 80
---
apiVersion: extensions/v1beta1
kind: Deployment
metadata:
```

```yaml
  name: sleep
spec:
  replicas: 1
  template:
    metadata:
      labels:
        app: sleep
        version: v1
    spec:
      containers:
      - name: sleep
        image: dustise/sleep
        imagePullPolicy: IfNotPresent
---
```

细心的读者可能会注意到，这个应用并没有提供对外服务的能力，我们也还是给它创建了一个 Service 对象，这同样是 Istio 的注入要求：没有 Service 的 Deployment 是无法被 Istio 发现并进行操作的。

同样，对该文件进行注入，并提交到 Kubernetes 上运行：

```
$ istioctl kube-inject -f sleep.yaml | kubectl apply -f -
service/sleep created
deployment.extensions/sleep created
```

继续使用 kubectl get po -w，等待 Pod 成功进入 Running 状态：

```
kubectl get po -w
NAME                        READY   STATUS            RESTARTS   AGE
sleep-67fd5cf7bb-fj5tg      0/2     PodInitializing   0          27s
sleep-67fd5cf7bb-fj5tg      2/2     Running           0          30s
```

可以看到，sleep 应用的 Pod 已经开始运行。

4.5 验证服务

接下来，我们可以通过 kubectl exec -it 命令进入客户端 Pod，来测试 flaskapp 服务的具体表现。

使用一个简单的 for 循环，重复获取 http://flaskapp/env/version 的内容，也就是调用 flaskapp 服务，查看其返回结果：

```
$ kubectl exec -it sleep-67fd5cf7bb-fj5tg -c sleep bash
bash-4.4# for i in `seq 10`;do http --body http://flaskapp/env/version; done
v2
……
v1
```

从上面的运行结果中可以看到，v2 和 v1 这两种结果随机出现，大约各占一半。这很容易理解，因为我们的 flaskapp 服务的选择器被定义为只根据 App 标签进行选择，两个版本的服务 Pod 数量相同，因此会出现轮流输出的效果。

4.6 创建目标规则和默认路由

接下来使用 Istio 来管理这两个服务的流量。

首先创建 flaskapp 应用的目标规则，输入以下内容并将其保存为 flaskapp-destinationrule.yam：

```yaml
apiVersion: networking.istio.io/v1alpha3
kind: DestinationRule
metadata:
  name: flaskapp
spec:
  host: flaskapp
  subsets:
  - name: v1
    labels:
      version: v1
  - name: v2
    labels:
      version: v2
```

可以看到，该文件还是常见的 YAML 格式，实际上也可以使用 kubectl 命令进行操作。

这里定义了一个名称为 flaskapp 的 DestinationRule，它利用 Pod 标签把 flaskapp 服务分成两个 subset，将其分别命名为 v1 和 v2。

下面将 flaskapp-destinationrule.yaml 提交到集群上：

```
$ kubectl apply -f flaskapp-destinationrule.yaml
destinationrule.networking.istio.io/flaskapp created
```

接下来就需要为 flaskapp 服务创建默认的路由规则了，不论是否进行进一步的流量控制，都建议为网格中的服务创建默认的路由规则，以防发生意料之外的访问结果。

使用下面的内容创建文本文件 flaskapp-default-vs-v2.yaml：

```yaml
apiVersion: networking.istio.io/v1alpha3
kind: VirtualService
metadata:
  name: flaskapp-default-v2
spec:
  hosts:
```

```
    - flaskapp
  http:
  - route:
    - destination:
        host: flaskapp
        subset: v2
```

在该文本文件中，我们定义了一个 VirtualService 对象，将其命名为 flaskapp-default-v2，它负责接管对 "flaskapp" 这一主机名的访问，会将所有流量都转发到 DestinationRule 定义的 v2 subset 上。

再次执行 kubectl，将 VirtualService 提交到集群上：

```
$ kubectl apply -f flaskapp-default-vs-v2.yaml
virtualservice.networking.istio.io/flaskapp-default-v2 created
```

在创建成功后，可以再次进入客户端 Pod，看看新定义的流量管理规则是否生效：

```
kubectl exec -it sleep-67fd5cf7bb-fj5tg -c sleep bash
bash-4.4# http http://flaskapp/env/version^C
bash-4.4# for i in `seq 10`;do http --body http://flaskapp/env/version; done
v2
……
v2
```

可以看到，默认的路由已经生效，现在重复多次访问，返回的内容来自环境变量 version 被设置为 v2 的版本，也就是 v2 版本。

4.7 小结

本章实践了一个较为典型的 Istio 服务上线流程：注入→部署→创建目标规则→创建默认路由。绝大多数 Istio 网格应用都会遵循这一流程进行上线。

之后，本书会从 Istio 的安装开始，详细讲解 Istio 在多种场景下的应用方式，用接近实用的例子，来体验 Istio 在多种场景下为我们的服务带来的功能提升。

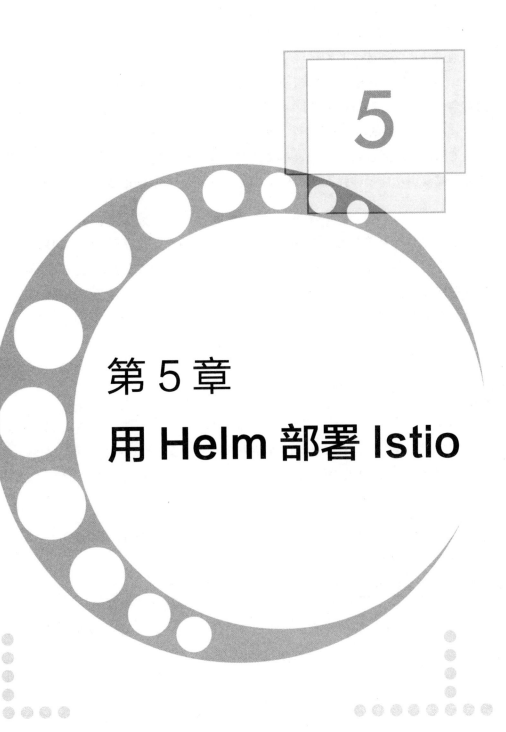

第 5 章
用 Helm 部署 Istio

通过前面的阅读，我们已经了解到，Istio 是由多个组件构成的，并且可以通过 kubectl 命令在 Kubernetes 集群上进行部署，部署时会在 Kubernetes 集群上创建大量的对象。Istio 与 Kubernetes 进行了深度集成，构成 Istio 的各个组件都以 Deployment 的形式在 Kubernetes 集群中运行，并且其在运行过程中所需的配置数据也需要依赖各种 CRD 及 ConfigMap、Secret 等来进行存储。这种包含复杂依赖关系的应用部署过程，需要由功能足够强大的模板系统提供支持，因此 Istio 官方推荐使用 Helm 对 Istio 进行部署。

本章将会较为详细地对 Istio 的 Helm Chart 部署方式进行讲解。如果急于体验 Istio 的各种功能，则可直接阅读 4.2 节中快速部署方面的内容，这些内容能够满足多数功能需求；如果在后续章节中有无法实现的部署需求，则也会特别标出，方便读者补充部署操作。

5.1　Istio Chart 概述

Helm 是目前 Istio 官方推荐的安装方式。除去安装后，我们还可以对输入值进行一些调整，完成对 Istio 的部分配置工作。Istio Chart 是一个总分结构，其分级结构和设计结构是一致的，图 5-1 展示了 Istio Chart 的文件结构。

Istio 中 Chart 的分级结构和目录结构是对等的，下面进行简要说明。

5.1.1　Chart.yaml

该文件是 Chart 的基础信息文件，其中包含版本号、名称、关键字等元数据信息。

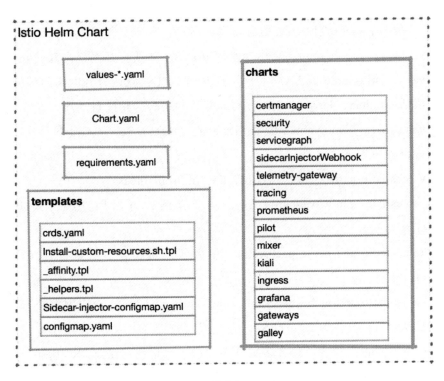

图 5-1

5.1.2 values-*.yaml

在 Istio 的发行包中包含一组 values 文件,提供 Istio 在各种场景下的关键配置范本,这些范本文件可以作为 Helm 的输入文件,来对 Istio 进行典型定制。对 Istio 的定制可以从对这些输入文件的改写开始,在改写完成后使用 helm template 命令生成最终的部署文件,这样就能用 kubectl 完成部署了。下面列举这些典型输入文件的作用。

◎ values-istio-auth-galley.yaml:启用控制面 mTLS,默认打开网格内部的 mTLS,启用 Galley。

◎ values-istio-multicluster.yaml:多集群配置。

◎ values-istio-auth-multicluster.yaml:多集群配置,启用控制面 mTLS,默认打

开网格内部的 mTLS，禁用自签署证书。
- values-istio-auth.yaml：启用控制面 mTLS，默认打开网格内部的 mTLS。
- values-istio-demo-auth.yaml：启用控制面 mTLS，默认打开网格内部的 mTLS，激活 Grafana、Jaeger、ServiceGraph 及 Galley，允许自动注入。
- values-istio-demo.yaml：激活 Grafana、Jaeger、ServiceGraph 及 Galley，允许自动注入。
- values-istio-galley.yaml：启用 Galley 和 Prometheus。
- values-istio-gateways.yaml：这是一个样例，可以用这种形式定义新的 Gateway。
- values-istio-one-namespace.yaml：单命名空间部署，默认打开网格内部的 mTLS。
- values-istio-one-namespace-auth.yaml：单命名空间部署，启用控制面 mTLS，默认打开网格内部的 mTLS。
- values.yaml：罗列了绝大多数常用变量，也是我们做定制的基础。

5.1.3 requirements.yaml

该文件用于管理对子 Chart 的依赖关系，其中定义了一系列开关变量。

在 Helm 的输入内容中对相关变量进行定义，就可以对 Istio 的部署文件进行修改，来控制对应组件的启用状态。例如，其中有一段对 Grafana 的控制代码：

```
- name: grafana
  version: 1.0.3
  condition: grafana.enabled
```

这段控制代码代表：如果修改全局变量 grafana.enabled 为 False，就不会安装 Grafana 了。

5.1.4 templates/_affinity.tpl

该文件会生成一组节点亲和或互斥元素，供各个组件在渲染 YAML 时使用。在该文件里使用了一系列变量，用于控制 Istio 组件的节点亲和性（也就是限制 Istio 在部署时对节点的选择）。在模板中引用了全局变量 arch，默认内容是：

```
arch:
  amd64: 2
  s390x: 2
  ppc64le: 2
```

这里定义了如下两个局部模板。

- nodeAffinityRequiredDuringScheduling：会根据全局变量中的 arch 参数对部署节点进行限制。Istio 组件的 Pod 会根据 arch 参数中的服务器类型列表来决定是否部署到某一台服务器上，并根据各种服务器类型的不同权重来决定优先级。
- nodeAffinityPreferredDuringScheduling：跟上一个变量的作用类似，不同的是，这一个软限制。

接下来会使用在上面定义的两个模板生成新模板，将其命名为 nodeaffinity，并提供给其他组件引用，用于生成各个组件 Deployment 对象的节点亲和性限制。

5.1.5 templates/sidecar-injector-configmap.yaml

根据文件名就可以判断出来，该文件最终会用于生成一个 ConfigMap 对象，在该对象中保存的配置数据被用于进行 Sidecar 注入。istioctl 完成的手工注入，或者 Istio 的自动注入，都会引用这个 ConfigMap，换句话说，如果希望修改 Istio 的 Sidecar 的注入过程及具体行为，就可以从该文件或者对应的 ConfigMap 入手了。

5.1.6 templates/configmap.yaml

该文件也会生成一个 ConfigMap,名称为 istio,这个对象用于为 Pilot 提供启动配置数据。

5.1.7 templates/crds.yaml

该文件包含了 Istio 所需的 CRD 定义,它的部署方式较为特殊:

- 如果使用 Helm 2.10 之前的版本进行安装,则需要先使用 kubectl 提交该文件到 Kubernetes 集群中;
- 如果使用 Helm 2.10 之后的版本,则其中的 Helm hook 会自动提前安装,无须特别注意。

5.1.8 charts

这个目录中的子目录就是 Istio 的组件,如下所述。

- certmanager:一个基于 Jetstack Cert-Manager 项目的 ACME 证书客户端,用于自动进行证书的申请、获取及分发。
- galley:Istio 利用 Galley 进行配置管理工作。
- gateways:对 Gateways Chart 进行配置,可以安装多个 Gateway Controller,详情参见 7.11 节。
- grafana:图形化的 Istio Dashboard。
- ingress:一个遗留设计,默认关闭,在流量控制协议升级到 network.istio.io/v1alpha3 之后,已经建议弃用。
- kiali:带有分布式跟踪、配置校验等多项功能的 Dashboard。
- mixer:Istio 的策略实施组件。
- pilot:Istio 的流量管理组件。

- prometheus：监控软件 Prometheus，其中包含 Istio 特定的指标抓取设置。
- security：Citadel 组件，用于证书的自动管理。
- servicegraph：分布式跟踪组件，用于获取和展示服务调用关系图，即将废除。
- sidecarInjectorWebhook：自动注入 Webhook 的相关配置；
- tracing：分布式跟踪组件，使用 Jaeger 实现，替代原有的 Service Graph 组件。

5.2 全局变量介绍

我们在使用现有 Chart 的时候，通常都不会修改 Chart 的本体，仅通过对变量的控制来实现对部署过程的定制。Istio Helm Chart 提供了大量的变量来帮助用户对 Istio 的安装进行定制。

在 5.1 节中提到，Istio Chart 分为父子两层，因此变量也具有全局和本地两级。全局变量使用保留字 global 进行定义，子 Chart 可以通过 values.global 的方式引用全局变量，而在主 Chart 中也可以用 chart.var 的方式为子 Chart 指定变量值。

本节会讲解在 values.yaml 中涉及的全局变量，在各个 Chart 中会使用 global 为前缀进行引用。

5.2.1 hub 和 tag

在多数情况下，这两个变量代表所有镜像的地址，具体名称一般以 {{ .Values.global.hub }}/[component]/:{{ .Values.global.tag }} 的形式拼接而成。在 proxy_init、Mixer、Grafana 和 Pilot 的 Deployment 模板中，一旦在其 image 变量中包含路径符 "/"，则会弃用 global.hub，直接采用 image 的定义，代码如下：

```
{{- if contains "/" .Values.image }}
        image: "{{ .Values.image }}"
{{- else }}
        image:
"{{ .Values.global.hub }}/{{ .Values.image }}:{{ .Values.global.tag }}"
{{- end }}
```

这两个变量对于内网部署是非常有必要的，将 Istio 的镜像拉取回来，并推送到私库之后，只要在 values.yaml 中进行修改，就可以将 Istio 所需镜像的引用指向内网私库，省去了逐个修改 Deployment 文档的麻烦。

5.2.2　ingress.enabled

这个开关用来控制是否启用 Istio 的 Ingress Controller，如果这个值被设置为 True，就会启用对 Kubernetes Ingress 资源的支持，这是一个兼容的功能，Istio 并不推荐 Ingress 的使用方式，建议使用 Ingress Gateway 取而代之。

有两个变量会受到这个开关的影响，这两个变量分别是 k8sIngressSelector 和 k8sIngressHttps，只有在 ingress.enabled 被设置为 True 的情况下，这两个变量的相关内容才会生效。

k8sIngressSelector 会利用 Pod 标签选择一个 Gateway 作为 Ingress Controller。

如果将 k8sIngressHttps 变量赋值为 True，就会在 istio-autogenerated-k8s-ingress 这个 Gateway 定义中加入 443 端口及其 TLS 配置。

k8sIngressHttps 的相关引用对 Ingress Gateway Pod 的 /etc/istio/ingress/certs/ 下的证书文件有依赖，因此需要启用这一选项：需要把 ingress.enabled 设置为 true，从而成功创建 ingress Chart 的 Deployment；还需要创建一个被命名为 ingress-certs 的 tls secret 给 istio-ingress Deployment 进行加载。如果没有满足这些条件，LDS 就会拒绝服务，从而无法提供 Ingress 功能。

5.2.3 Proxy 相关的参数

在 values.yaml 中定义了一组 proxy 变量,用于对 Sidecar 进行控制。

1．proxy.resources

用于为 Sidecar 分配资源。用户可以根据业务 Pod 的负载情况,为 Sidecar 指定 CPU 和内存资源。

2．proxy.concurrency

Proxy worker 的线程数量。如果被设置为 0（默认值）,则根据 CPU 线程或核的数量进行分配。

3．proxy.accessLogFile

Sidecar 的访问日志位置。如果被设置为空字符串,则关闭访问日志功能。默认值为 /dev/stdout。

4．proxy.privileged

istio-init、istio-proxy 的特权模式开关。默认值为 false。

5．proxy.enableCoreDump

如果打开,则新注入的 Sidecar 会启动 CoreDump 功能,在 Pod 中加入初始化容器 enable-core-dump。默认值为 false。

6．proxy.includeIPRanges

劫持 IP 范围的白名单。默认值为"*",也就是劫持所有地址的流量。在

sidecar-injector-configmap.yaml 中应用了这一变量，用于生成 istio-sidecar-injector 这个 ConfigMap，这个 ConfigMap 设置了 istio-init 的运行参数，proxy.includeIPRanges 通过对 istio-init 的"-i"参数进行修改来完成这一任务。

7. proxy.excludeIPRanges

劫持 IP 范围的黑名单。默认值为空字符串，也就是仅劫持该范围以外的 IP。同 proxy.includeIPRanges 的情况类似，它影响的是 istio-init 的"-x"参数。

8. proxy.includeInboundPorts

入站流量的端口劫持白名单。所有从该范围内的端口进入 Pod 的流量都会被劫持。它影响的是 istio-init 的"-b"参数。

9. proxy.excludeInboundPorts

入站流量的端口劫持黑名单。这一端口范围之外的入站流量才会被劫持。它影响的是 istio-init 的"-d"参数。

10. proxy.autoInject

用于控制是否自动完成 Sidecar 的注入工作。

11. proxy.envoyStatsd

该变量的默认值如下。

◎ enabled：true。
◎ host：istio-statsd-prom-bridge。
◎ port：9125。

它会设置 Envoy 的 "--statsdUdpAddress" 参数，在某些参数下（例如没有安装 Mixer）可以关闭。

5.2.4　proxy_init.image

网格中的服务 Pod 在启动之前，首先会运行一个初始化镜像来完成流量劫持工作，这个变量可以用于指定初始化容器镜像。

5.2.5　imagePullPolicy

镜像的拉取策略。默认值为 "IfNotPresent"。

5.2.6　controlPlaneSecurityEnabled

指定是否在 Istio 控制面组件上启用 mTLS 通信。在启用之后，Sidecar 和控制平面组件之间，以及控制平面组件之间的通信，都会被改为 mTLS 方式。受影响的组件包括 Ingress、Mixer、Pilot 及 Sidecar。

5.2.7　disablePolicyChecks

如果把这个开关变量设置为 true，则会禁用 Mixer 的预检功能。预检功能是一个同步过程，有可能因为预检缓慢造成业务应用的阻塞。

5.2.8　enableTracing

是否启用分布式跟踪功能，默认值为 true。

5.2.9　mtls.enabled

服务之间是否默认启用 mTLS 连接，如果这个值被设置为 true，那么网格内部所有服务之间的通信都会使用 mTLS 进行安全加固。需要注意的是，这一变量的设置是全局的，对于每个服务还可以单独使用目标规则或者服务注解的方式，自行决定是否采用 mTLS 加固。

5.2.10　imagePullSecrets

用于为 ServiceAccount 分配在镜像拉取过程中所需的认证凭据。默认值为空值。

5.2.11　arch

在设置 Istio 组件的节点亲和性过程中，会使用这一变量的列表内容来确定可以用于部署的节点范围，并按照不同的服务器架构设置了优先顺序。它的默认列表内容如下：

```
amd64: 2
s390x: 2
ppc64le: 2
```

5.2.12　oneNamespace

默认值为 false，Pilot 会监控所有命名空间内的服务变化。如果这个变量被设置为 true，则会在 Pilot 的服务发现参数中加入 "-a"，在这种情况下，Pilot 只会对 Istio 组件所在的命名空间进行监控。

5.2.13　configValidation

用于配置是否开启服务端的配置验证。默认值为 true。该选项在开启之后，会生成一个 ValidatingWebhookConfiguration 对象，并被包含到 Galley 的配置中，从而启用校验功能。

5.2.14　meshExpansion

要将服务网格扩展到物理机或者虚拟机上，就会使用到这一变量。默认值为 false。如果被设置为 true，则会在 Ingress Gateway 上公开 Pilot 和 Citadel 的服务。

5.2.15　meshExpansionILB

是否在内部网关中公开 Pilot 和 Citadel 的端口。默认值为 false，仅在服务网格扩展时会使用到这一变量。

5.2.16　defaultResources

为所有 Istio 组件都提供一个最小资源限制。在默认情况下，只设置一个请求 10m CPU 资源的值。可以在各个 Chart 的局部变量中分别设置资源需求。

5.2.17　hyperkube

在 Istio 的设置过程会使用一个镜像执行一些 Job，例如在早期版本安装过程中的 CRD 初始化，或者现在的清理过期证书等任务。这个镜像默认使用的是 quay.io/coreos:v1.7.6_coreos.0，在内网中同样可以对其进行覆盖。

5.2.18　priorityClassName

Kubernetes 在 1.11.0 以上版本中提出了 PriorityClass 的概念，具有优先级的 Pod 不会被驱逐或抢占资源。该变量的默认值为空，可选值包括"system-cluster-critical"和"system-node-critical"。

5.2.19　crds

该变量用于决定是否包含 CRD 定义。如果使用 helm template 命令，或者是 2.10 以上版本的 helm install 命令，则应该将其设置为 true；否则在安装之前首先要执行 kubectl apply -f install/kubernetes/helm/istio/templates/crds.yaml，并将该变量设置为 false。

5.2.20　小结

上面介绍了在 values.yaml 中保存的一系列全局变量，这些变量涉及的范围较广，因此在本节单独进行讲解，后续还有更多的针对各种场景的配置内容，将会在涉及多个场景的章节单独讲解。

5.3　Istio 安装清单的生成和部署

在 5.1 节和 5.2 节对 Istio 的 Chart 和变量进行了大概的讲解，相信读者对其设置相关的内容有了一定的认识，接下来进入部署流程。

注意：要先下载和解压 Istio 安装包（见 4.2 节），再进入部署流程。

5.3.1　编辑 values.yaml

我们需要先根据实际需求对 Istio 进行定制，定制的方法在前一节已经讲过，就是编辑 values.yaml。最常见的修改包含以下内容。

1．镜像地址

如果是内网部署，那么需要先解决镜像地址问题。我们通常会在具备外网连接条件的服务器上拉取所需镜像，然后导出镜像，将其推送到本地私有镜像库。那么，如何知道我们需要哪些镜像？

有一个小技巧，对于在 4.2 节中用到的 istio-demo.yaml 清单文件，我们如果想获取其中使用的镜像名称，就可以使用 grep 命令方便地过滤出来：

```
$ grep -r image: istio-demo.yaml | egrep -o -e "image:.*" | sort | uniq
image: "docker.io/istio/citadel:1.0.4"
image: "docker.io/istio/galley:1.0.4"
image: "docker.io/istio/mixer:1.0.4"
image: "docker.io/istio/pilot:1.0.4"
image: "docker.io/istio/proxy_init:1.0.4"
image: "docker.io/istio/proxyv2:1.0.4"
image: "docker.io/istio/servicegraph:1.0.4"
image: "docker.io/istio/sidecar_injector:1.0.4"
image: "docker.io/jaegertracing/all-in-one:1.5"
image: "docker.io/prom/prometheus:v2.3.1"
image: "grafana/grafana:5.2.3"
image: "quay.io/coreos/hyperkube:v1.7.6_coreos.0"
image: [[ annotation .ObjectMeta `sidecar.istio.io/proxyImage` "docker.io/istio/proxyv2:1.0.4" ]]
```

在得到这些镜像名称之后，就可以逐个进行镜像的拉取和推送操作了。

接下来根据私库地址，修改 values.yaml 中各个镜像的地址，生成新的安装清单文件，然后重新用上述命令进行检查即可。

2．系统资源

values.yaml 中的系统资源设置是非常保守的，并且不够完整，因此这里建议根据实际情况调整各个组件的资源分配。

3．服务类型

Istio 的 istio-ingressgateway 服务的默认类型是 Loadbalancer，如果在要部署的

目标 Kubernetes 集群中没有负载均衡支持，就需要对服务类型进行修改了。

4．可视化组件的服务开放

在 Istio 中包含了 Prometheus、Grafana 及 Kiali 等可视化组件，在默认状态下都是 ClusterIP 类型的，要顺利使用，则可能需要为其分配 Ingress 或者修改服务类型。

5.3.2 生成部署清单

在完成对 values.yaml 的编辑之后，就可以使用 helm template 命令来生成最终的部署清单文件了，例如我们生成的输入文件为 my-values.yaml，那么可以用如下命令生成我们需要的 YAML 文件：

```
$ helm template install/kubernetes/helm/istio \
--name istio --namespace istio-system \
-f my-values.yaml > my-istio.yaml
```

这个命令假设我们的当前目录是 Istio 发行包的根目录，其中：

◎ "--name istio" 代表生成的部署内容的基础名称为 "istio"；
◎ "--namespace istio-system" 代表将 Istio 部署到命名空间 "istio-system" 中；
◎ "-f my-values.yaml" 代表从 my-values.yaml 文件中获取输入的内容。

该命令在执行完毕之后，会生成部署清单文件 my-istio.yaml，可以打开该文件，检查其中的内容是否符合预期。

5.3.3 部署 Istio

在部署清单生成并检查完毕之后，就可以开始部署了。

我们生成的 my-istio.yaml 是要求部署到 istio-system 命名空间的，所以这里使用 kubectl 命令来创建它：

```
$ kubectl create ns istio-system
namespace/istio-system created
```

接下来采用同 4.2 节相同的步骤，只不过将部署清单文件改为刚刚生成的 my-istio.yaml：

```
$ kubectl apply -f my-istio.yaml
configmap/istio-galley-configuration created
configmap/istio-statsd-prom-bridge created
configmap/prometheus created
configmap/istio-security-custom-resources created
……
```

等运行结束之后，同样可以使用 "kubectl get po -n istio-system -w" 命令来查看 Pod 的运行情况，直到全部 Pod 成功进入 Running 或者 Completed 状态，Istio 的安装部署工作就完成了。

5.4 小结

Helm 还有一种常见的部署方式，就是通过 helm install 命令进行部署。但是，采用这种部署方式时，需要在 Kubernetes 中部署 Tiller 服务端，而且不会生成部署清单文件，这对于配置管理来说是很不方便的，因此这里不做推荐。

另外，在 Helm 的 template 或者 install 命令中，可以通过 "--set" 的方式来设置变量值。这里没有提及这种方式，原因很简单：Istio 部署过程中涉及的变量太多，命令行方式更显笨重。

阅读至此，读者应该已经对 Istio 的配置安装过程有了一定的认识，下一章将会讲解如何使用 Istio 来满足各种场景下的业务需要，以解决实际问题。

第 6 章

Istio 的常用功能

第 6 章　Istio 的常用功能

经过对前面几章的阅读，相信读者已经能够完成 Istio 的部署了，接下来就要进行 Istio 在各种场景下的应用了。

Istio 在微服务体系中提供了为数众多的各种功能，这么多功能难免让人眼花缭乱，本章将会从在网格中部署应用开始，展示 Istio 的常用功能，包括基本的流量控制、开箱即用的可视化功能等。

本章内容涉及 Grafana、Prometheus、Jaeger 及 Kiali，都是独立的开源项目，各项目所涉及的内容都非常丰富和深入，因此本章仅就 Istio 对这些软件的定制和相关展现做一些介绍，对于更多、更灵活的应用，还要靠读者自行学习和发掘。

本章及之后用到的项目源码仓库，在 Github 上可以找到，具体地址可以参考书末目录。

6.1　在网格中部署应用

我们在第 4 章中已经使用过 istioctl kube-inject 命令来为工作负载注入 Istio Sidecar，本节会稍微深入地探讨这个功能。回忆一下 4.3 节中的部署内容，这次对其做一点改变，添加一个 "-o" 参数，将注入结果输出为文件，以便观察：

```
$ istioctl kube-inject -f flask.istio.yaml -o flask.istio.injected.yaml
```

在执行完毕之后，可以看到，这里多出了一个 flask.istio.injected.yaml 文件。打开该文件，将其和源文件 flask.istio.yaml 进行对比，不难发现其中的 Service 对象没有发生任何变化，两个 Deployment 对象则有很大的改变：

```
apiVersion: extensions/v1beta1
kind: Deployment
metadata:
  creationTimestamp: null
  name: flaskapp-v1
```

```yaml
spec:
……
  spec:
    containers:
……
    - args:
      - proxy
      - sidecar
……
      env:
……
      image: docker.io/istio/proxyv2:1.0.4
      imagePullPolicy: IfNotPresent
      name: istio-proxy
……
    initContainers:
……
      image: docker.io/istio/proxy_init:1.0.4
      imagePullPolicy: IfNotPresent
      name: istio-init
……
```

我们会发现，多出一个被屡次提到的 Sidecar 容器，并且出现了一个初始化容器（initContainers）istio-init，这个初始化容器就是用来劫持应用通信到 Sidecar 的工具。

接下来就可以使用 kubectl 将注入后的 YAML 清单文件提交到 Kubernetes 集群上运行了：

```
$ kubectl apply -f
service/flaskapp created
deployment.extensions/flaskapp-v1 created
deployment.extensions/flaskapp-v2 created
```

除了支持手工注入，Istio 还支持对工作负载进行自动注入，并对待注入的工作负载有一定的要求，下面做一些详细讲解。

因为 istioctl 要根据 ConfigMap 来获知注入的内容，也就是说执行 istioctl 的用户必须能够访问安装了 Istio 的 Kubernetes 集群中的这个 ConfigMap。如果因为某些原因无法访问，则还可以在 istioctl 中使用一个本地的配置文件。

首先用有 ConfigMap 获取权限的用户身份运行如下命令：

```
$ kubectl -n istio-system get configmap istio-sidecar-injector
-o=jsonpath='{.data.config}' > inject-config.yaml
```

然后可以对该文件进行任意修改，就可以在 istioctl 中使用了：

```
$ istioctl kube-inject --injectConfigFile inject-config.yaml
```

6.1.1 对工作负载的要求

目前支持的工作负载类型包括：Job、DaemonSet、ReplicaSet、Pod 及 Deployment。Istio 对这些工作负载的要求如下。

1．要正确命名服务端口

Service 对象中的 Port 部分必须以"协议名"为前缀，目前支持的协议名包括 http、http2、mongo、redis 和 grpc，例如，我们的 flaskapp 中的服务端口就被命名为"http"。Istio 会根据这些命名来确定为这些端口提供什么样的服务，不符合命名规范的端口会被当作 TCP 服务，其功能支持范围会大幅缩小。

目前的 Istio 版本对 HTTP、HTTP 2 及 gRPC 协议都提供了最大范围的支持。

2．工作负载的 Pod 必须有关联的 Service

为了满足服务发现的需要，所有 Pod 都必须有关联的服务，因此我们的客户端应用 sleep 虽然没有开放任何端口，但还是要注册一个 Service 对象。

另外，官方建议为 Pod 模板加入两个标签：app 和 version，分别标注应用名称和版本。这仅仅是个建议，但是 Istio 的很多默认策略都会引用这两个标签；如果没有这两个标签，就会引发很多不必要的麻烦。

6.1.2 使用自动注入

除了使用 istioctl 进行手工注入，Istio 还提供了自动注入功能，该功能提供了较为丰富的微调选项，可以帮助用户更灵活地选择注入目标。

在 values.yaml 中默认包含如下所示的类似代码，可以用于调整自动注入的属性：

```
autoInject: enabled
sidecarInjectorWebhook:
  enabled: true
  replicaCount: 1
  image: sidecar_injector
  enableNamespacesByDefault: false
```

下面对以上这段代码进行讲解，如下所述。

◎ 如果将 sidecarInjectorWebhook.enabled 设置为 true，就会开启 Sidecar 的自动注入特性。

◎ 如果将 enableNamespacesByDefault 变量赋值为 true，就会为所有命名空间开启自动注入功能；如果赋值为 false，则只有标签为 istio-injection: enabled 的命名空间才会开启自动注入功能。

◎ autoInject 这个变量命名有歧义，它的 enabled/disabled 赋值，设置的并不是是否开启自动注入功能，而是在启用自动注入功能之后，对于指定的命名空间内新建的 Pod 是否进行自动注入。如果取值为 enabled，则该命名空间内的 Pod 只要没有被注解为 sidecar.istio.io/inject: "false"，就会自动完成注入；如果取值为 disabled，则需要为 Pod 设置注解 sidecar.istio.io/inject: "true"，才会进行注入。

autoInject、命名空间标签及 Pod 注解相互关联，形成了非常灵活的注入规则。如表 6-1 所示为各种组合产生的效果列表（命名空间符合条件指的是命名空间被设置了注入标签，或者 enableNamespacesByDefault 被设置为 true）。

表 6-1

命名空间是否符合条件	autoInject	sidecar.istio.io/inject	是否注入
是	enabled	true	是
是	enabled	false	否
是	enabled	未注解	是
是	disabled	true	是
是	disabled	false	否
是	disabled	未注解	否
否	enabled	true	否
否	enabled	false	否
否	enabled	未注解	否
否	disabled	true	否
否	disabled	false	否
否	disabled	未注解	否

接下来测试这个功能。默认安装的 Istio（也就是使用"-f istio/values.yaml"选项生成的安装清单）启用了自动注入功能，并且将 autoInject 设置为 enabled。根据表 6-1 来看，只要为命名空间设置注入标签，在该命名空间中创建的工作负载就会被自动注入 Sidecar 了：

```
$ kubectl create ns auto
namespace/auto created
$ kubectl label namespaces auto istio-injection=enabled
namespace/auto labeled
$ kubectl create ns manually
namespace/manually created
```

这样就创建了两个命名空间，其中的 auto 命名空间被设置了 istio-injection=enabled 标签。

接下来分别在两个命名空间中使用 sleep.yaml 创建工作负载，看看产生的 Pod

是否会被自动注入：

```
$ kubectl apply -f sleep.yaml -n auto
service/sleep created
deployment.extensions/sleep created
$ kubectl get po -n auto
NAME                     READY   STATUS     RESTARTS   AGE
sleep-54c77c889b-5pd78   0/2     Init:0/1   0          8s
$ kubectl apply -f sleep.yaml -n manually
service/sleep created
deployment.extensions/sleep created
$ kubectl get po -n manually
NAME                     READY   STATUS     RESTARTS   AGE
sleep-54c77c889b-95w6s   1/1     Running    0          7s
```

通过对比可以看出，auto 命名空间中的 Pod 被注入了 Sidecar，并开始了初始化过程；而 manually 命名空间的 Pod 保持原样，没有进行注入。

不管是手工注入还是自动注入，都可以通过编辑 istio-system 命名空间中的 ConfigMap istio-sidecar-injector，来影响注入的效果。例如在 1.1.0 版本中，Istio 的自动注入可以根据标签进行例外设置：不管命名空间标签及策略如何，对符合标签选择器要求的 Pod 都不进行注入。

可以在 istio-sidecar-injector ConfigMap 中加入这一例外设置：

```
# kubectl -n istio-system describe configmap istio-sidecar-injector
apiVersion: v1
kind: ConfigMap
metadata:
  name: istio-sidecar-injector
data:
  config: |-
    policy: enabled
    neverInjectSelector:
      - matchExpressions:
        - {key: openshift.io/build.name, operator: Exists}
```

```
      - matchExpressions:
        - {key: openshift.io/deployer-pod-for.name, operator: Exists}
    template: |-
      initContainers:
...
```

如上所示的 neverInjectSelector 字段是一个 Kubernetes 标签选择器的数组。不同元素之间是"或"的关系，在第一次发现有符合条件的标签之后会跳过其他判断。上面的语句意味着：对于包含 openshift.io/build.name 或者 openshift.io/deployer-pod-for.name 标签的 Pod，不管标签取值是什么，都不会进行注入。

与之相对的还有一个 alwaysInjectSelector 标签，符合这一选择器的 Pod，不管全局策略如何，都会被注入 Sidecar。

值得注意的是，Pod 注解还有更高的优先级，如果 Pod 注解包含 sidecar.istio.io/inject: "true/false"，则会被优先处理。

所以，自动注入的评估顺序是：Pod 注解 → NeverInjectSelector → AlwaysInjectSelector → 命名空间策略。

如果按照前面的介绍进行操作，例如给命名空间打标签，则结果是 Pod 没有被注入。或者刚好相反，Pod 明明被注解为 sidecar.istio.io/inject: "false"，还是被注入了。这是为什么？

可以看看 sidecar-injector Pod 的日志：

```
$ pod=$(kubectl -n istio-system get pods -l istio=sidecar-injector -o jsonpath='{.items[0].metadata.name}')
$ kubectl -n istio-system logs -f $pod
```

然后可以创建业务 Pod，看看日志输出的具体内容。

要看到更详细的日志（经常会很有用），则可以编辑 sidecar-injector Deployment 对象，给它加上参数"--log_output_level=default:debug"：

```
$ kubectl -n istio-system edit deployment istio-sidecar-injector
...
    containers:
    - args:
      - --caCertFile=/etc/istio/certs/root-cert.pem
      - --tlsCertFile=/etc/istio/certs/cert-chain.pem
      - --tlsKeyFile=/etc/istio/certs/key.pem
      - --injectConfig=/etc/istio/inject/config
      - --meshConfig=/etc/istio/config/mesh
      - --healthCheckInterval=2s
      - --healthCheckFile=/health
      - --log_output_level=default:debug
      image: docker.io/istio/sidecar_injector:1.0.2
      imagePullPolicy: IfNotPresent
...
```

在编辑成功之后 Pod 会重启，之后就可以重新查看日志了：

```
$ pod=$(kubectl -n istio-system get pods -l istio=sidecar-injector -o jsonpath='{.items[0].metadata.name}')
$ kubectl -n istio-system logs -f $pod
```

如果在日志中还是找不到发生问题的原因，就代表 sidecar-injector 没有收到 Pod 创建的通知，也就不会触发自动注入操作了。这可能是因为命名空间没有正确设置标签导致的，因此需要检查命名空间的标签及 MutatingWebhookConfiguration 中的配置。

在默认情况下，命名空间应该设置 istio-injection=enabled 标签。可以使用 kubectl -n istio-system edit MutatingWebhookConfiguration istio-sidecar-injector 命令检查其中的 namespaceSelector 字段的内容。

在完成排查之后，可以再次编辑 sidecar-injector Deployment 对象，清除新加入的参数。

6.1.3 准备测试应用

在本节结束之前,我们将 default 命名空间设置为自动注入,并在其中运行 flaskapp 及 sleep 的两个版本:

```
$ kubectl label namespaces default istio-injection=enabled
namespace labeled
$ kubectl apply -f sleep.istio.yaml
service/sleep created
deployment.extensions/sleep-v1 created
deployment.extensions/sleep-v2 created
$ kubectl apply -f flask.istio.yaml
service/flaskapp created
deployment.extensions/flaskapp-v1 created
deployment.extensions/flaskapp-v2 created
```

在命令运行结束后,查看是否已经成功部署应用并完成 Sidecar 注入:

```
$ kubectl get po
NAME                              READY   STATUS    RESTARTS   AGE
flaskapp-v1-6cd96bdbd8-qj4wn      2/2     Running   0          43s
flaskapp-v2-57b75c966b-xpnl8      2/2     Running   0          42s
sleep-v1-54c77c889b-8v756         2/2     Running   0          1m
sleep-v2-69dd76fcc7-zpmtg         2/2     Running   0          1m
```

6.2 修改 Istio 配置

在学习和应用 Istio 的过程中,经常有变更 Istio 现有配置的需求,这时可以使用 Helm 的 "--set" 参数来完成这一任务。

例如,在默认情况下,Istio 会将变量 sidecarInjectorWebhook.enabled 赋值为 true,也就是启用自动注入功能。如果想关闭它,则在之前使用 Helm 安装 Istio 的命令中加入 --set sidecarInjectorWebhook.enabled=false 的参数即可。例如:

```
$ helm template istio \
--name istio --namespace istio-system \
--set sidecarInjectorWebhook.enabled=false
```

以上是对官方说法的一个总结，但是事实上并没有这么简单。Istio 的 Sidecar 自动注入功能是通过 Kubernetes 的 mutating 控制器来完成的，如果启用了自动生效的 Istio 安装清单，就会生成一个名称为 istio-sidecar-injector 的 mutatingwebhookconfigurations 对象，在这个对象中保存的就是自动注入的配置。

根据 Helm 和 Kubernetes 的工作原理，重复执行 kubectl apply 命令是不会进行删除操作的，因此通过上面的操作生成的清单一旦被提交，后果就是 mutating 控制器继续使用 istio-sidecar-injector 的配置进行工作。

因此，这种方式只针对新增或修改操作生效，对于删除操作是无效的。

6.3 使用 Istio Dashboard

Istio 为服务网格提供了丰富的观察能力，本节首先讲解 Istio Dashboard。

Istio Dashboard 是一个包含了 Istio 定制模板的 Grafana（https://grafana.com/）。Grafana 是一个通用的 Dashboard 开源软件，支持 Elasticsearch、Zabbix、Prometheus、InfluxDB 等多种数据源，并提供了条形图、饼图、表格、折线图等丰富的可视化组件，对其中的数据源和可视化组件都可以进行二次开发，用户可以将数据源和可视化组件结合起来定制自己的 Dashboard。

6.3.1 启用 Grafana

Istio 在默认情况下是没有启用 Grafana 的，可以用在 6.2 节中提到的方法来启用 Grafana：

```
$ helm template istio \
--name istio --set grafana.enabled=true \
--namespace istio-system > default-grafana.yaml
$ kubectl apply -f default-grafana.yaml
......
configmap/istio-grafana-custom-resources created
configmap/istio-grafana-configuration-dashboards created
configmap/istio-grafana created
configmap/istio-statsd-prom-bridge unchanged
......
```

可以看到，已经成功创建了 Grafana 的相关资源。

6.3.2 访问 Grafana

在创建成功之后，可以使用 kubectl port-forward 指令对 Grafana Pod 进行端口转发，这样就可以在不对外网开放服务的情况下使用 Grafana 了：

```
$ kubectl -n istio-system port-forward \
$(kubectl -n istio-system get pod -l app=grafana -o jsonpath='{.items[0].metadata.name}') \
3000:3000 &
[1] 6332
$ Forwarding from 127.0.0.1:3000 -> 3000
Forwarding from [::1]:3000 -> 3000
```

接下来可以使用浏览器打开 http://localhost:3000/，单击左上角的 Home 链接，在出现的页面中单击 Istio 文件夹，会列出 Istio 的内置 Dashboard，如图 6-1 所示。

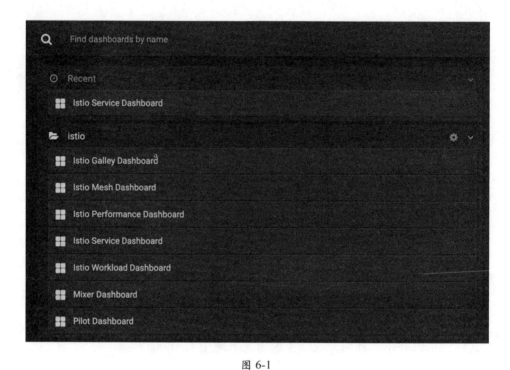

图 6-1

单击 Istio Mesh Dashboard，会显示如图 6-2 所示的界面。

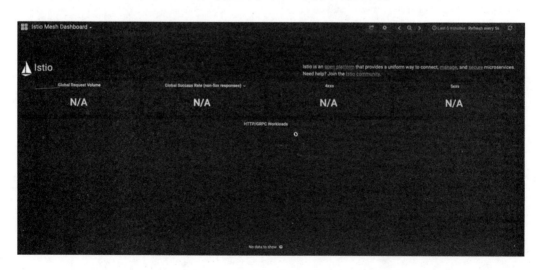

图 6-2

因为没有产生任何流量，所以这里的所有数据都是空的。我们进入在 6.1.3 节中创建的客户端 Pod，去生成一些流量：

```
$ export SOURCE_POD=$(kubectl get pod -l app=sleep,version=v1 -o jsonpath={.items..metadata.name})
$ kubectl exec -it -c sleep $SOURCE_POD bash
bash-4.4# for i in `seq 100`;do http --body http://flaskapp/fetch?url=http://flaskapp/env/version >> /dev/null ; done
```

会发现仪表盘发生了变化，如图 6-3 所示。

图 6-3

6.3.3 开放 Grafana 服务

kubectl 的端口转发方式是很不稳定的，长期使用的话，可以考虑对 Grafana 服务进行定制，例如，在 values.yaml 中的 grafana 一节有如下定义：

```
grafana:
  enabled: false
  replicaCount: 1
  image:
    repository: grafana/grafana
    tag: 5.2.3
  persist: false
  storageClassName: ""
  security:
    enabled: false
```

```
            adminUser: admin
            adminPassword: admin
        service:
            annotations: {}
            name: http
            type: ClusterIP
            externalPort: 3000
            internalPort: 3000
```

我们可以将其服务类型修改为 LoadBalance，或者为其创建 Ingress 对象，开放外网访问。

另外，如果要在外网访问 Grafana，则应该将 security.enabled 修改为 true，并设置用户名和密码。

6.3.4 学习和定制

Istio 提供了为数众多的 Dashboard 模板，数据来自 Prometheus 服务。了解这些 Dashboard 的源码时，可以发现很多有用的查询语句，方便日后建立自己的监控体系。例如，我们可能更加关注的 Istio Service Dashboard 就包含了业务应用的相关信息，如图 6-4 所示。

如果我们关心 Incoming Requests by Source And Response Code 这个折线图的实现，就可以单击这个区域标题右侧的三角符号，在弹出的菜单中选择 Edit，会显示这一组件的定制内容，如图 6-5 所示。

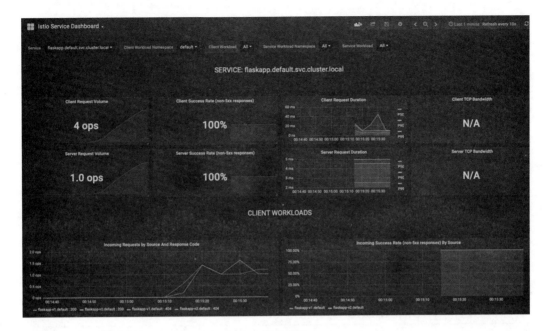

图 6-4

图 6-5

显示的内容表明,数据来自名为"Prometheus"的数据源,两个指标序列的公式也都清楚地展示出来。我们可以根据这些内容,学习 Istio 中各种监控指标的用法、公式和展示方法,以便定制自己的 Dashboard。

如果在集群中已经安装了 Grafana,则还可以通过右上角工具栏的第 2 个按钮(Share Dashboard)获取 Dashboard 源码,将其导入其他 Grafana 中。

6.4 使用 Prometheus

Prometheus（https://prometheus.io）是 CNCF 中的一个标志性的监控软件，目前已经是云原生阵营中监控系统的事实标准。在 Istio 中已经集成了 Prometheus，将其用作系统的监控组件。

在 6.3 节中提到，Grafana 只是一个可视化的前端，其数据都来自 Prometheus 服务。在实际工作中，我们也需要直接到 Prometheus 中进行一些查询，来获取一些在 Dashboard 中没有体现的信息。

6.4.1 访问 Prometheus

Prometheus 服务是默认启用的，因此在通常情况下无须额外操作，直接使用端口转发即可访问：

```
kubectl -n istio-system port-forward \
  $(kubectl -n istio-system get pod -l app=prometheus -o jsonpath='{.items[0].metadata.name}') \
  9090:9090 &
```

然后用浏览器打开 http://localhost:9090，会看到 Prometheus 的查询界面，在其中输入"istio_requests_total"，就能得到一系列请求总数的指标值，如图 6-6 所示。

图 6-6

6.4.2 开放 Prometheus 服务

和 Grafana 一样，Prometheus 的 Service 也可以通过 values.yaml 定制对服务开放方式。

6.4.3 学习和定制

在 6.3.4 节中，我们从 Grafana 中得到的查询语句可以在这一界面进行测试和修改，方便定制自己的监控语句。

Istio 自带 Prometheus 的配置文件，该文件被保存在名称为 Prometheus 的 ConfigMap 中，可以对其进行定制和迁移。也可以为 Prometheus 配置 Alert Manager 组件，根据 Istio 的监控指标实现系统告警。

6.5 使用 Jaeger

Jaeger（https://github.com/jaegertracing/jaeger）是一个用于分布式跟踪的开源软件。

微服务之间的调用关系往往比较复杂，在深度和广度方面都会有较长的调用路线，因此需要有跨服务的跟踪能力。

在 Istio 中提供了 Jaeger 作为分布式跟踪组件。Jaeger 也是 CNCF 的成员，是一个分布式跟踪工具，提供了原生的 OpenTracing 支持，向下兼容 ZipKin，同时支持多种存储后端。

本章简单说明在 Istio 中如何查看调用链路，以及如何让网格中的应用支持分布式跟踪。

需要注意的是，Istio Sidecar 为网格中的应用提供的跟踪功能只能提供调用环节的数据，要支持整条链路，则还需要根据 OpenTracing 规范对应用进行改写，本节也会对此进行讲解。

6.5.1 启用 Jaeger

Jaeger 默认是不启用的，因此需要使用 6.3.1 节中启用 Grafana 的类似方式，设置 tracing.enabled 为 true：

```
$ helm template istio \
--name istio --set tracing.enabled=true \
--namespace istio-system > default-tracing.yaml
$ kubectl apply -f default-tracing.yaml
……
$ kubectl get po -w istio-system
NAME                                     READY   STATUS    RESTARTS   AGE
……
istio-tracing-7596597bd7-zg9f5           1/1     Running   0          45s
……
```

可以看到，该服务的 Pod 已经开始运行。

6.5.2 访问 Jaeger

同样可以使用端口转发方式来访问 Jaeger：

```
$ kubectl -n istio-system port-forward \
$(kubectl -n istio-system get pod -l app=jaeger -o
jsonpath='{.items[0].metadata.name}') \
16686:16686 &
[1] 10271
Forwarding from 127.0.0.1:16686 -> 16686
```

接下来就可以在浏览器访问 http://127.0.0.1:16686，来查看 Jaeger 的界面了，其初始界面如图 6-7 所示。

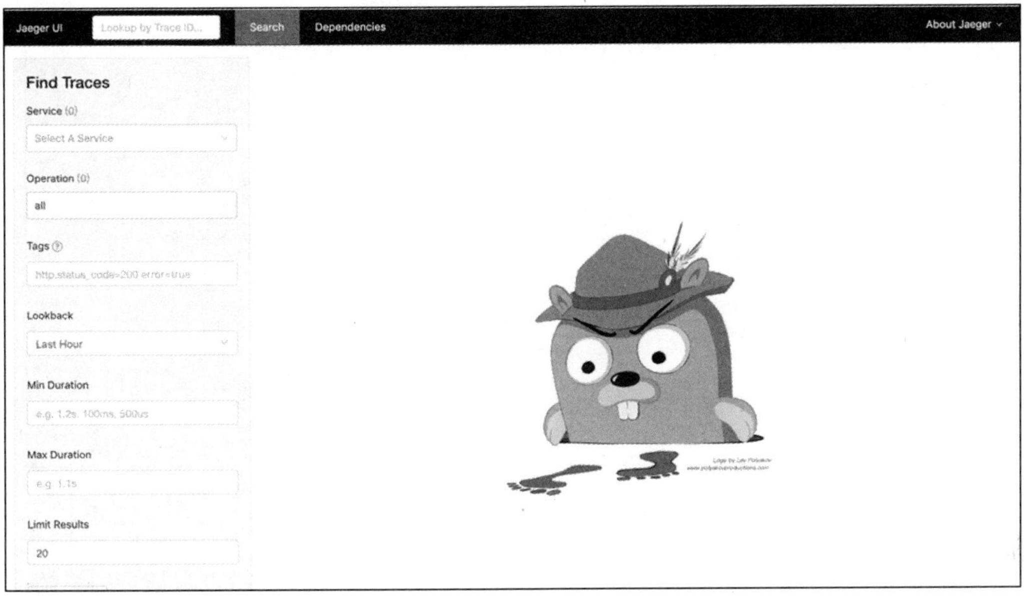

图 6-7

可以看到，Jaeger 刚刚启动，Service 列表中的数量是 0。这同样是工作负载没有运行，没有产生跟踪数据导致的。

可以进入 sleep Pod，使用之前的方法来生成负载：

```
$ kubectl exec -it sleep-67fd5cf7bb-fj5tg -c sleep bash
bash-4.4# for i in 'seq 100';do http --body http://flaskapp/env/version; done
```

随着测试的运行，刷新页面，会看到在 Service 列表中出现了内容。我们在列表中选择 sleep 服务，并单击左下角的"Find Trace"按钮，会看到如图 6-8 所示的查询结果。

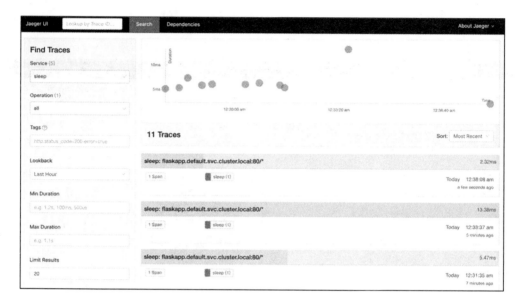

图 6-8

这是一个概述界面,单击右侧结果列表中的记录,会看到这一跟踪记录的详情,如图 6-9 所示。

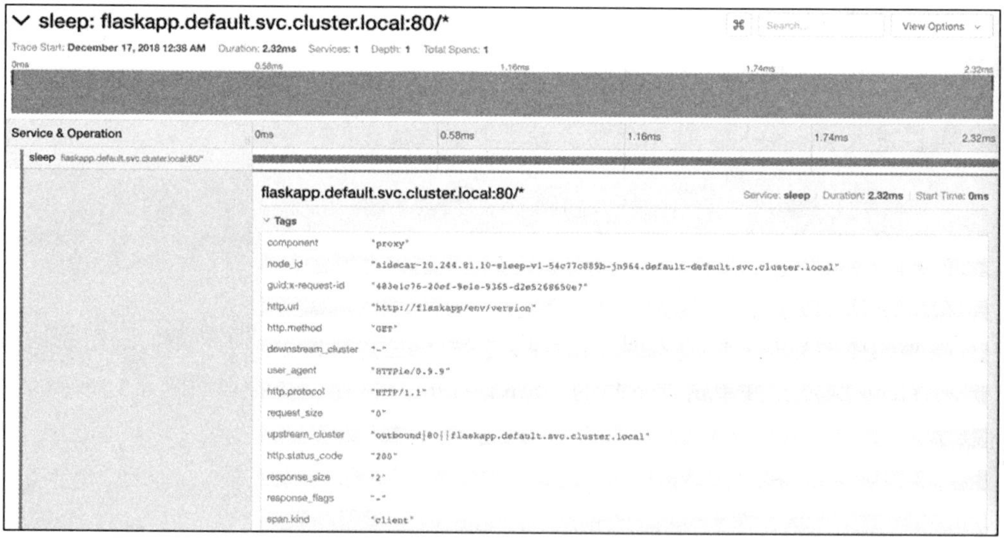

图 6-9

6.5.3 跟踪参数的传递

在 6.5.2 节中讲解的是一个简单的跟踪活动，包含一个服务端和一个客户端。如果让 flaskapp 再次获取另一个服务的内容，则会发生什么呢？我们再引入一个 httpbin 服务来试试。

首先启动这个服务，并等待成功运行：

```
$ kubectl apply -f samples/httpbin/httpbin.yaml
service/httpbin created
deployment.extensions/httpbin created
```

接下来在 sleep 服务的 Pod 中发起请求，要求 flaskapp 调用 httpbin 服务的"/get"路径，并返回 httpbin 给出的响应，同时要显示 sleep 发出的请求 Header 的内容：

```
bash-4.4# http --debug http://flaskapp/fetch_with_header?url=http://httpbin:8000/get
```

此时会发现，httpie 客户端发出的请求 Header 的原始内容为：

```
    "allow_redirects": false,
    "auth": "None",
    "cert": "None",
    "data": {},
    "files": {},
    "headers": {
        "User-Agent": "HTTPie/0.9.9"
    },
    "method": "get",
    "params": {},
    "proxies": {},
    "stream": true,
    "timeout": 30,
    "url": "http://flaskapp/fetch_with_header?url=http://httpbin:8000/get",
    "verify": true
```

flaskapp 收到的请求 Header 的内容却复杂得多：

```
"Content-Length": "0",
"Host": "flaskapp",
"User-Agent": "HTTPie/0.9.9",
"Accept-Encoding": "gzip, deflate",
"Accept": "*/*",
"X-Forwarded-Proto": "http",
"X-Request-Id": "422321a7-7838-4ed7-9ffb-1682c7ddf7ee",
"X-Envoy-Decorator-Operation": "flaskapp.default.svc.cluster.local:80/*",
"X-B3-Traceid": "b12784cadc9d6718",
"X-B3-Spanid": "b12784cadc9d6718",
"X-B3-Sampled": "0",
"X-Istio-Attributes": "..."
```

不难看出，多出了一系列的 X-* 的请求 Header，应该是 Envoy 代理对该请求进行了修改，其中就包含分布式跟踪所需要的 Request-Id 等请求 Header。

同时，在经过多次访问后，如果回到 Jaeger 的 Web 界面，就会发现 sleep 应用的跟踪记录非常少，如图 6-10 所示。

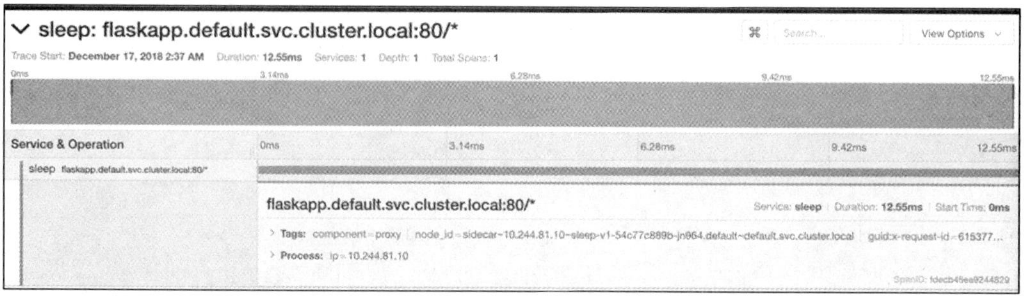

图 6-10

我们当然希望看到 sleep→flaskapp→httpbin 的完整跟踪信息，但是 OpenTracing 所依赖的 Header 没有被传递，因此 Jaeger 无法确定调用之间的关系，只会有 sleep→flaskapp 和 flaskapp→httpbin 两段孤立的跟踪信息。

要把孤立的跟踪信息融合起来,原则上比较简单:对于中间服务收到的请求,在进行下一级请求时,将其中用于跟踪的 Header 传递下去就可以了。

简单来说,如果在请求中存在如下 Header,就需要进行转发:

◎ x-request-id

◎ x-b3-traceid

◎ x-b3-spanid

◎ x-b3-parentspanid

◎ x-b3-sampled

◎ x-b3-flags

◎ x-ot-span-context

因此,我们给 flaskapp 的 Python 代码加入一点新东西,来传递这些内容:

```
……
TRACE_HEADERS = [
    'x-request-id',
    'x-b3-traceid',
    'x-b3-spanid',
    'x-b3-parentspanid',
    'x-b3-sampled',
    'x-b3-flags',
    'x-ot-span-context'
]
……
@app.route('/fetch_with_trace')
def fetch_with_trace():
    url = request.args.get('url', '')
    request_headers = dict(request.headers)
    new_header = {}
    for key in request_headers.keys():
        if key.lower() in TRACE_HEADERS:
            new_header[key] = request_headers[key]
```

```
        req = Request(url, headers = new_header)
        return urlopen(req).read()
......
```

我们新建了一个 URL 路径 "fetch_with_trace"，在 flaskapp 的代码中加入了对 Header 的识别，一旦在接受的请求中包含特定的 Header，就将其保存下来，并在下一次请求中发送出去。

下面就用这个新方法来测试一下，看看用新方法完成的调用是否会在 Jaeger 中展示完整的跟踪信息：

```
$ export SOURCE_POD=$(kubectl get pod -l app=sleep,version=v1 -o jsonpath={.items..metadata.name})

$ kubectl exec -it $SOURCE_POD -c sleep bash
bash-4.4# for i in `seq 100`;do http http://flaskapp/fetch_with_trace?url=http://httpbin:8000/ip;done
```

上述命令会让我们进入 sleep 容器中，用循环命令通过 flaskapp 服务获取 httpbin 服务的内容。

此时再次打开 Jaeger 页面，查询 sleep 服务的跟踪结果，会发现情况发生了变化，如图 6-11 所示。

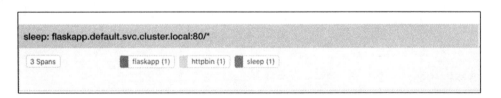

图 6-11

单击记录，进入这一跟踪结果的详情页面，如图 6-12 所示。

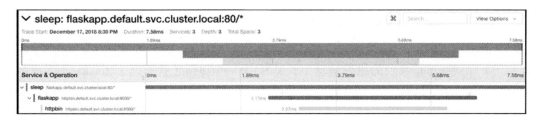

图 6-12

这样就可以清楚地看到，sleep 的调用先后引发了 flaskapp 和 httpbin 的跟踪记录，链路变得完整了。

在 flaskapp 中还提供了一个 URL："/fetch_with_header"。利用这一方法，可以看到 Header 在这个过程中发生的变化。

我们可以在 sleep 容器中测试这个方法：

```
bash-4.4# http http://flaskapp/fetch_with_header?url=http://httpbin:8000/get
    {……
    "X-Request-Id": "08e3e824-281e-4841-a95e-4d010aa5a260"
    ……
    "X-B3-Traceid": "9452b2a9522e9a66",
    "X-B3-Spanid": "9452b2a9522e9a66",
    "X-B3-Sampled": "0",
    ……
    "X-B3-Parentspanid": "9452b2a9522e9a66",
    "X-B3-Sampled": "0",
    "X-B3-Spanid": "e14c08d08f8c9d67",
    "X-B3-Traceid": "9452b2a9522e9a66",
    "X-Request-Id": "08e3e824-281e-4841-a95e-4d010aa5a260"
    ……
```

在输出内容中会包含两组 HTTP Header：第 1 组来自 flaskapp，表示 sleep→flaskapp 的请求内容；第 2 组来自 httpbin，表示 flaskapp→httpbin 的内容。

不难发现：

- ◎ 我们指定的 Header 在两段路径中重复出现；
- ◎ X-Request-Id 和 X-B3-Traceid 是直接下发的，两个服务收到的内容是一致的；
- ◎ 在 httpbin 收到的跟踪信息中，X-B3-Parentspanid 就等同于 flaskapp 发出的 X-B3-Spanid，这表明了父子关系。

6.5.4 开放 Jaeger 服务

和 Grafana、Prometheus 一样，Jaeger 同样可以通过修改服务类型等方式将服务公开到网格外部；不同的是，Jaeger 还直接在 Chart 中提供了 Ingress 的设置方式。

如果已经在 Kubernetes 集群中部署了 Ingress Controller，则可以在 values.yaml 中直接设置：

```yaml
ingress:
  enabled: false
  # Used to create an Ingress record.
  hosts:
    - jaeger.local
  annotations:
    # kubernetes.io/ingress.class: nginx
    # kubernetes.io/tls-acme: "true"
  tls:
    # Secrets must be manually created in the namespace.
    # - secretName: jaeger-tls
    #   hosts:
    #     - jaeger.local
```

helm template 命令会为这些设置生成 Ingress 资源，从而完成 Jaeger 服务的开放工作。

6.6 使用 Kiali

Kiali（https://www.kiali.io）也是一个用于 Istio 可视化的软件，同前面的 Grafana、Prometheus 等通用软件不同，Kiali 目前是专用于 Istio 系统的，它除了提供了监控、可视化及跟踪等通用功能，还专门提供了 Istio 的配置验证、健康评估等高级功能。

6.6.1 启用 Kiali

在启用 Kiali 时同样需要对 values.yaml 进行修改。在默认情况下，将 Kiali 的相关变量设置如下：

```
kiali:
  enabled: true
  replicaCount: 1
  hub: docker.io/kiali
  tag: v0.11.0
  ingress:
    enabled: false
    ## Used to create an Ingress record.
    # hosts:
    #  - kiali.local
    annotations:
      # kubernetes.io/ingress.class: nginx
      # kubernetes.io/tls-acme: "true"
    tls:
      # Secrets must be manually created in the namespace.
      # - secretName: kiali-tls
      #   hosts:
      #     - kiali.local
  dashboard:
    username: admin
    # Default admin passphrase for kiali. Must be set during setup, and
```

```
    # changed by overriding the secret
    passphrase: admin

    # Override the automatically detected Grafana URL, usefull when Grafana
service has no ExternalIPs
    # grafanaURL:

    # Override the automatically detected Jaeger URL, usefull when Jaeger
service has no ExternalIPs
    # jaegerURL:
```

要简单启用 Kiali，则只设置其 enabled 为 true 即可，但有些地方需要特别注意，如下所述。

- Kiali 的目前版本和 Istio 一样，还很早期，所以可以根据实际情况变更 tag 变量到最新版本，具体的版本列表可以在 Dockerhub（https://hub.docker.com/r/kiali/kiali/tags）中查看。例如，Kiali 目前默认的 0.9 版本就是不可用的，建议将其升级到更高的版本。总而言之，使用风险还是比较高的。
- 与 Jaeger 一样，可以为 Kiali 设置 Ingress 的出口。

和其他组件一样，在设置 enabled 为 true 之后使用 helm template 渲染，然后用 kubectl apply 命令进行安装，等待 Pod 启动成功即可。

6.6.2 访问 Kiali

同样，可以通过端口转发的方式来访问：

```
$ kubectl -n istio-system port-forward $(kubectl -n istio-system get pod
-l app=kiali -o jsonpath='{.items[0].metadata.name}') 20001:20001
Forwarding from 127.0.0.1:20001 -> 20001
Forwarding from [::1]:20001 -> 20001
```

使用浏览器打开页面，登录页面的默认用户名和密码为 admin:admin，也可以在 values.yaml 的 tracing 一节修改。在登录成功之后进入首页，首页展示了目前的命名空间和其中的工作负载情况，大致如图 6-13 所示。

图 6-13

单击其中的 default 命名空间，会看到各个服务的情况，包括健康状况、是否注入等，如图 6-14 所示。

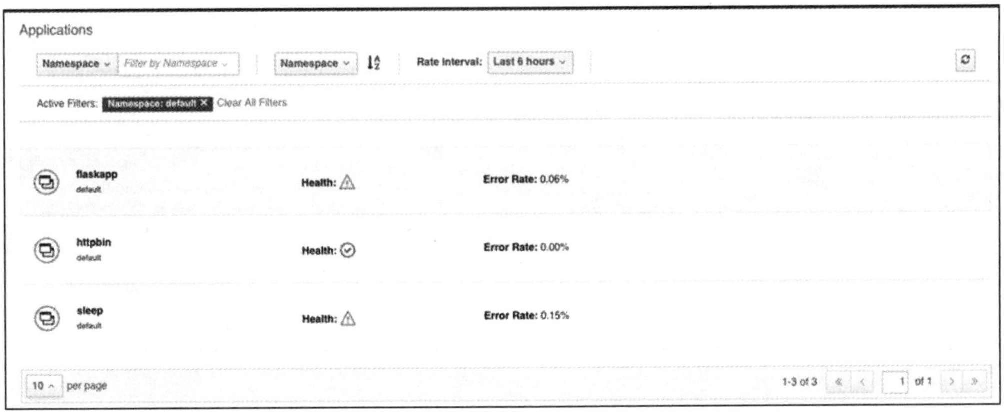

图 6-14

单击具体的服务，可以看到服务相关的一些指标展示，例如查看 flaskapp-v1 的出站请求，如图 6-15 所示。

注意，这些图形是根据访问得出的，如果为空，则可能是因为在指定的时间范围内没有流量造成的。尝试选择合适的时间跨度，看看是否正确显示。

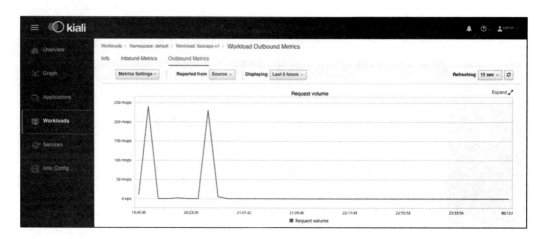

图 6-15

在 Graph 菜单中会显示服务的拓扑关系，例如，我们在前面进行测试时使用的几个服务都会有如图 6-16 所示的显示效果。

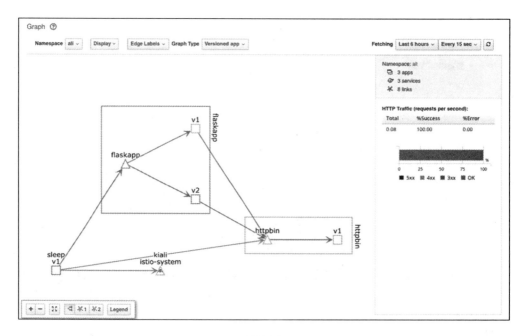

图 6-16

这里可以清楚地看到各个服务的调用关系和流量状况。例如，我们在前面使用 sleep pod 的 Shell 中，使用 HTTP 客户端工具通过 flaskapp 应用调用 httpbin 的过程，在这张图中的表现就很明显。

另外，最重要的一个功能就是 Kiali 菜单左侧的 Istio Config 项。单击这一项，选择 istio-system 命名空间，会看到 Istio 默认的各种自定义资源的设置情况，如图 6-17 所示。

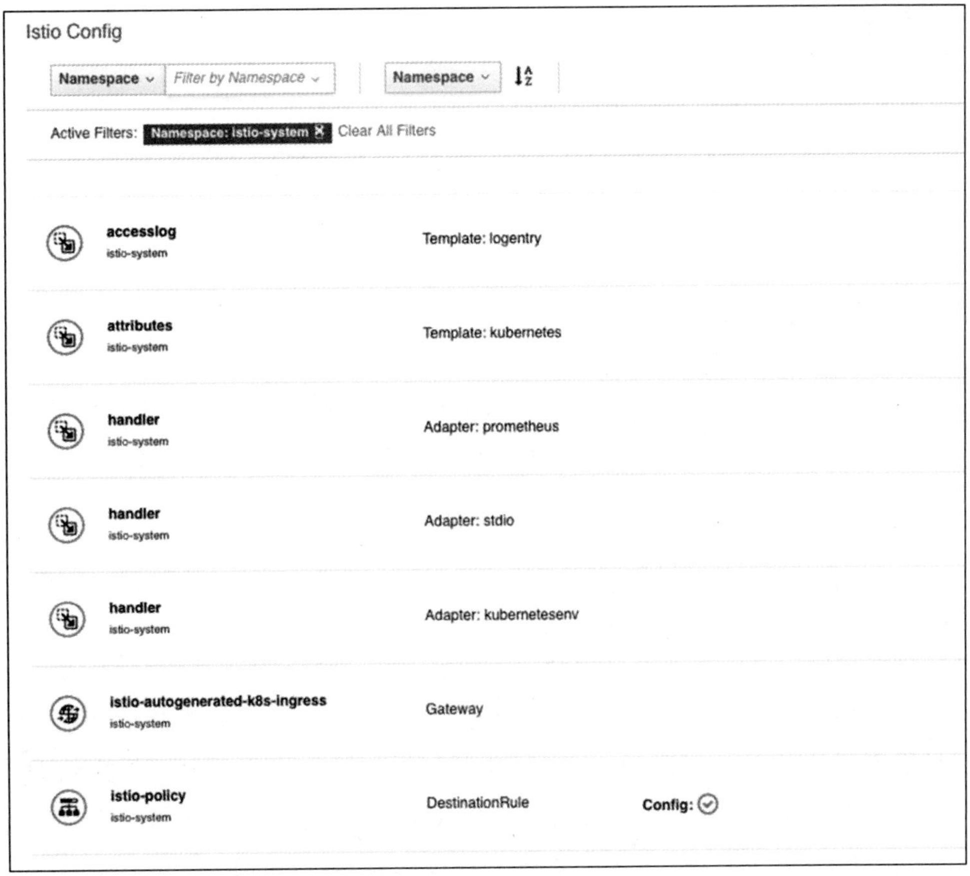

图 6-17

单击其中的各个项目，会展示该对象的定义文本，其中还提供了一些配置校验方面的功能。如图 6-18 所示的是 istio-policy 的 destinationrules。

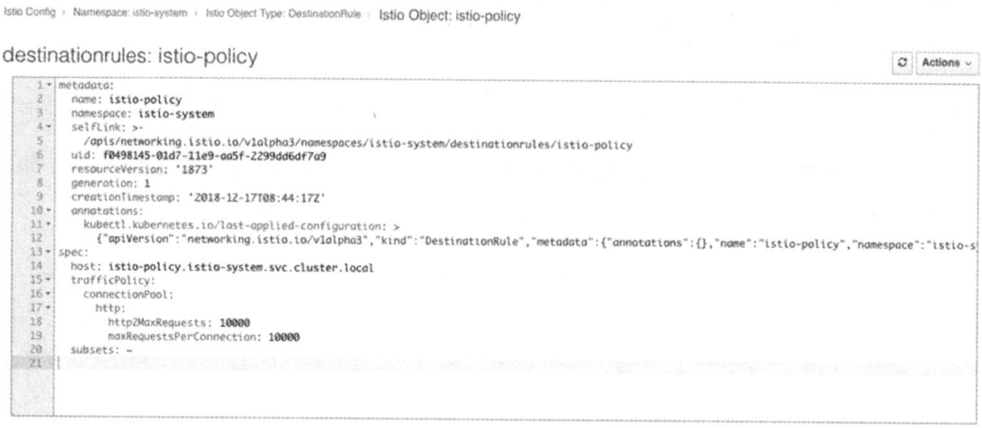

图 6-18

6.6.3 开放 Kiali 服务

在 values.yaml 中也为 Kiali 提供了 Ingress 的配置项目，因此开放 Kiali 服务的方式和 Jaeger 一样，可以通过修改服务类型或设置 Ingress 将服务开放。

6.7 小结

本章讲解了如何在网格中进行应用部署，还逐个展示了 Istio 常用可视化组件的启动和使用方法，这些组件对 Istio 服务网格的运维有很重要的意义，是服务网格可观察性的具体表现。Grafana、Prometheus 及 Jaeger 这些第三方组件都相对成熟和稳定；Kiali 目前还相对幼稚，但是也看得出来 Istio 对其功能的借重和期待。

在后续的其他功能讲解过程中，我们可以随时使用这些工具，对我们的学习和测试过程进行观察和验证。

第 7 章
HTTP 流量管理

在第 2 章中提到过，连接能力是 Istio 的核心功能之一，如下所述：

◎ 在微服务环境中，如何将大量的微服务连接在一起，进行有效的远程服务调用，是业务运转的基本要求；

◎ 在不可靠的网络状况下，如何保证微服务正确应对网络故障，保证服务质量，也是必须考虑的问题；

◎ 在升级、测试和扩缩容的场景中，进行有序可靠的流量引导和转移，同样是很现实的要求；

◎ 在微服务出现故障的时候，能够采取措施进行故障隔离，防止故障扩散影响整体应用的运行，对业务健壮性是一个重要保障。

Istio 提供了强大的流量控制能力，可以在业务应用无感知的情况下，对应用的通信行为进行干涉和保护，将很多原本需要在应用中处理的通信功能，下沉到 Istio 进行配置和管理，能够有效降低开发和运维成本，并提高对服务的控制能力。

本章将以各种实际需求为出发点，来讲解 Istio 的应用方法。

7.1 定义目标规则

在进行流量管理实践之前，首先要了解 Istio 对流量访问目标的定义。

通常来说，在 Kubernetes 中访问一个服务时，需要指定其协议、服务名及端口，例如 http://httpbin:8000。而在 Istio 的服务网格中对服务进行了进一步抽象：

◎ 可以使用 Pod 标签对具体的服务进程进行分组；

◎ 可以定义服务的负载均衡策略；

◎ 可以为服务指定 TLS 要求；

◎ 可以为服务设置连接池大小。

在 4.3 节中，我们用到的 flaskapp.istio.yaml 通过一个 Service 对应了两个不同版本的 Deployment，两个 Deployment 中的 Pod 使用了不同的标签进行区分。

在 Kubernetes 中，Service 和 Deployment 或者其他工作负载的关系通常是一对一的，如图 7-1 所示。

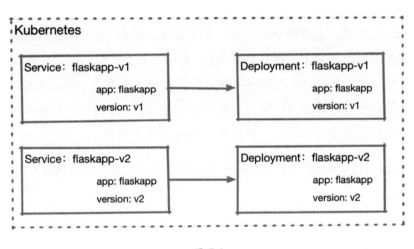

图 7-1

而在 Istio 中，Service 经常会对应不同的 Deployment，如图 7-2 所示。

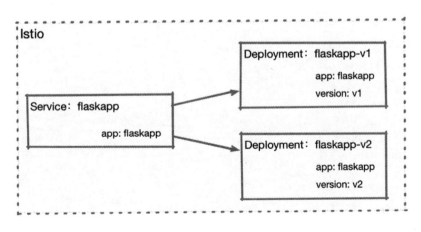

图 7-2

这个差异看起来似乎微不足道,但在实际生产中,两种模式的灵活性高下立判,如下所述。

- 在 Istio 中,客户端只使用一个服务入口就可以访问多个不同的服务,无须客户端干预;但客户端如果直接使用 Kubernetes Service,就必须分别使用两个不同的服务入口。
- Istio 可以通过流量特征来完成对后端服务的选择,它的流量控制功能会根据每次访问产生的流量进行判断,根据判断结果来选择一个后端负责本次访问的响应。Kubernetes 当然也可以这样做,但是因为 Kubernetes 的 Service 不具备选择后端的能力,所以如果它使用了 Istio 这种一对多的模式,则后果只能是使用轮询方式随机调用两个不同的工作负载。

而在 Istio 中,这种同一服务不同组别的后端被称为子集(Subset),也经常被称为服务版本。

在 Istio 中,建议为每个网格都设置明确的目标访问规则。在通过 Istio 流量控制之后,会选择明确的子集,根据该规则或者在子集中规定的流量策略来进行访问,这种规则在 Istio 中被称为 DestinationRule。

例如,我们为 flaskapp 建立一个目标规则定义:

```
apiVersion: networking.istio.io/v1alpha3
kind: DestinationRule
metadata:
  name: flaskapp
spec:
  host: flaskapp.default.svc.cluster.local
  trafficPolicy:
    loadBalancer:
      simple: LEAST_CONN
  subsets:
  - name: v1
    labels:
```

```
      version: v1
    trafficPolicy:
      loadBalancer:
        simple: ROUND_ROBIN
  - name: v2
    labels:
      version: v2
```

该规则有以下需要注意的地方。

◎ host：是一个必要字段，代表 Kubernetes 中的一个 Service 资源，或者一个由 ServiceEntry（会在 7.9 节讲解出站流量时介绍）定义的外部服务。为了防止 Kubernetes 不同命名空间中的服务重名，这里强烈建议使用完全限定名，也就是使用 FQDN 来赋值。

◎ trafficPolicy：是流量策略。在 DestinationRule 和 Subsets 两级中都可以定义 trafficPolicy，在 Subset 中设置的级别更高。

◎ subsets：在该字段中使用标签选择器来定义不同的子集。

综上所述，我们为 flaskapp 建立了 v1 和 v2 这两个子集，并且 v1 子集使用了独立的负载均衡算法。

为了后续环节的顺利进行，我们为在 4.3 节中创建的 flaskapp 服务（Service 和 Deployment）创建目标规则，将其分成 v1 和 v2 两个版本：

```
apiVersion: networking.istio.io/v1alpha3
kind: DestinationRule
metadata:
  name: flaskapp
spec:
  host: flaskapp.default.svc.cluster.local
  subsets:
  - name: v1
    labels:
      version: v1
  - name: v2
```

```
    labels:
      version: v2
```

将上述内容保存为 flaskapp.destinationrule.yaml，并使用 kubectl apply 命令提交到 kubernetes 集群：

```
$ kubectl apply -f flaskapp.destinationrule.yaml
destinationrule.networking.istio.io/flaskapp created
```

这样，我们就对具体负责执行服务的工作负载有了一个明确的定义，并可以将其当作流量控制的基础。

7.2 定义默认路由

在服务部署完成之后，我们为其定义了目标规则（见 7.1 节），接下来面临一个问题：在没有任何特定路由规则的情况下，对 flaskapp 服务的访问会到达哪个子集（或称版本）呢？

这时还可以用在 4.4 节中部署的客户端服务来测试：

```
$ export SOURCE_POD=$(kubectl get pod -l app=sleep,version=v1 -o jsonpath={.items..metadata.name})
$ kubectl exec -it -c sleep $SOURCE_POD bash
bash-4.4# http --body http://flaskapp/env/version
v1
bash-4.4# http --body http://flaskapp/env/version
v2
bash-4.4# http --body http://flaskapp/env/version
v1
bash-4.4# http --body http://flaskapp/env/version
v2
……
```

在重复执行后不难发现，我们定义的目标规则并未影响通信过程，还是按照 kube-proxy 的默认随机行为进行访问的，返回结果分别来自两个不同的版本。

Istio 建议为每个服务都创建一个默认路由，在访问某一服务的时候，如果没有特定的路由规则，则使用默认的路由规则来访问指定的子集，以此来确保服务在默认情况下的行为稳定性。

首先创建一个默认访问 v1 版本的路由规则进行测试：

```
apiVersion: networking.istio.io/v1alpha3
kind: VirtualService
metadata:
  name: flaskapp
spec:
  hosts:
  - flaskapp.default.svc.cluster.local
  http:
  - route:
    - destination:
        host: flaskapp.default.svc.cluster.local
        subset: v1
```

这是最简单的一个 VirtualService 定义。VirtualService 是 Istio 流量控制过程中的一个枢纽，负责对流量进行甄别和转发。

下面对本节涉及的概念进行讲解。

◎ VirtualService 同样是针对主机名工作的，但注意这个字段是一个数组内容，因此它可以针对多个主机名进行工作。VirtualService 可以为多种协议的流量提供服务，除了支持本文使用的是 HTTP，还支持 TCP 和 TLS。

◎ 在 http 字段的下一级，就是具体的路由规则了。不难看出，这里是支持多条路由的，我们简单定义了一个默认目标：flaskapp.default.svc.cluster.local，也就是说，flaskapp 默认使用 v1 版本来处理请求。

接下来测试一下。

首先将上述 YAML 代码保存为 flaskapp.virtualservice.yaml，然后使用 kubectl apply 命令将其提交到 Kubernetes 集群：

```
$ kubectl apply -f flaskapp.virtualservice.yaml
virtualservice.networking.istio.io/flaskapp created
```

可以看到，创建了一个新的虚拟服务对象。

再次进入 sleep Pod 进行测试：

```
$ export SOURCE_POD=$(kubectl get pod -l app=sleep,version=v1 -o jsonpath={.items..metadata.name})
$ kubectl exec -it -c sleep $SOURCE_POD bash
bash-4.4# http --body http://flaskapp.default/env/version
v1
bash-4.4# http --body http://flaskapp.default/env/version
v1
bash-4.4# http --body http://flaskapp.default/env/version
v1
bash-4.4# http --body http://flaskapp.default/env/version
v1
```

重复执行测试命令，就会发现所有访问都从 v1 版本返回了，这表明我们定制的默认路由已经生效。

在访问过程中还可以通过访问 Kiali，来查看流量的可视化结果，如图 7-3 所示。Kiali 会通过动画的形式呈现访问情况。

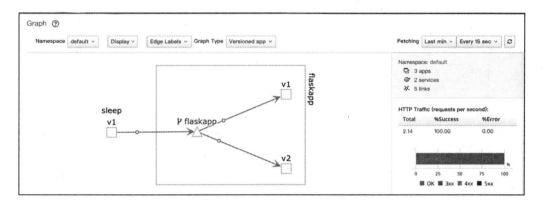

图 7-3

这里稍作回顾，在 Istio 中部署一个业务应用时，建议做到以下几点：

◎ 使用 app 标签表明应用身份；
◎ 使用 version 标签表明应用版本；
◎ 创建目标规则；
◎ 创建默认路由规则。

默认路由除了可以保证应用行为的稳定性，也是 Istio 的一些配置对象的构建基础。因此，和日常的 Dockerfile、Service、Deployment 等清单文件一样，默认路由的配置清单应该成为服务网格环境下的必要部署内容。

7.3 流量的拆分和迁移

在 7.2 节中有过提示，VirtualService 的 http 字段的下一级成员是一个数组，代表多条路由规则。这很自然会让我们想到：在多版本并存的情况下，是否可以针对不同的版本进行流量分配呢？这种特性在测试和版本更新的情况下是很有用的，例如，在我们的新版本还没有完全通过生产验证之前，我们只希望它承担少部分流量，来观察它在生产环境下的稳定性。

下面定义一个分流规则:对 flaskapp 服务的访问,有 70%进入 v1 版本,有 30% 进入 v2 版本。直接修改 flaskapp.virtualservice.yaml 文件,添加对 v2 版本的目标支持,并定义分配权重:

```yaml
apiVersion: networking.istio.io/v1alpha3
kind: VirtualService
metadata:
  name: flaskapp
spec:
  hosts:
  - flaskapp.default.svc.cluster.local
  http:
  - route:
    - destination:
        host: flaskapp.default.svc.cluster.local
        subset: v1
      weight: 70
    - destination:
        host: flaskapp.default.svc.cluster.local
        subset: v2
      weight: 30
```

使用 kubectl apply 命令提交更新后的规则,并测试其实际结果:

```
$ kubectl apply -f flaskapp.virtualservice.default.yaml
virtualservice.networking.istio.io/flaskapp configured
```

进入 sleep Pod,连续对 flaskapp 发出请求并统计返回结果:

```
$ export SOURCE_POD=$(kubectl get pod -l app=sleep,version=v1 -o jsonpath={.items..metadata.name})
$ kubectl exec -it -c sleep $SOURCE_POD bash
bash-4.4# http --body http://flaskapp/env/version
v1
bash-4.4# http --body http://flaskapp/env/version
v2
```

因为样本量太少，所以我们会看到在调用过程中返回的内容还是随机分布的，因此这里用一个 for 循环进行多次测试，查看"v1"在其中出现的次数：

```
bash-4.4# for i in `seq 10`;do http --body http://flaskapp/env/version; done | awk -F"v1" '{print NF-1}'
5
bash-4.4# for i in `seq 100`;do http --body http://flaskapp/env/version; done | awk -F"v1" '{print NF-1}'
76
bash-4.4# for i in `seq 300`;do http --body http://flaskapp/env/version; done | awk -F"v1" '{print NF-1}'
208
```

可以看出，随着测试次数的增加，"v1"出现的次数会逐步接近我们定义的分配比率。

回到现实场景中，如果测试结果乐观，则我们会希望为新版本分配更多的流量，这时该如何处理？很简单，修改路由即可。我们继续修改并提交 flaskapp.virtualservice.yaml 文件，不同的是这次 v1 和 v2 的比例从 70∶30 修改为 10∶90，在修改之后重新进入 sleep Pod 进行测试：

```
$ vim flaskapp.virtualservice.yaml
$ kubectl apply -f flaskapp.virtualservice.yaml
virtualservice.networking.istio.io/flaskapp configured
$ export SOURCE_POD=$(kubectl get pod -l app=sleep,version=v1 -o jsonpath={.items..metadata.name})
$ kubectl exec -it -c sleep $SOURCE_POD bash
bash-4.4# for i in `seq 300`;do http --body http://flaskapp/env/version; done | awk -F"v1" '{print NF-1}'
28
```

可以看到，我们定义的流量分配原则已经生效了。

更进一步地，如果 v2 版本测试成功，则可以再次修改，删除 v1 版本的路由，让全部流量都进入 v2 版本，也就是使用 v2 版本完全替代原有的 v1 版本，完成最终的升级。

继续修改 flaskapp.virtualservice.yaml，将其中的 http 部分修改为仅包含 v2 的内容：

```
……
  http:
  - route:
    - destination:
        host: flaskapp.default.svc.cluster.local
        subset: v2
      weight: 100
……
```

再次测试流量分配情况：

```
$ vim flaskapp.virtualservice.yaml
$ kubectl apply -f flaskapp.virtualservice.yaml
kubectl exec virtualservice.networking.istio.io/flaskapp configured
$ export SOURCE_POD=$(kubectl get pod -l app=sleep,version=v1 -o jsonpath={.items..metadata.name})

$ kubectl exec -it -c sleep $SOURCE_POD bash
bash-4.4# for i in `seq 100`;do http --body http://flaskapp/env/version; done | awk -F"v1" '{print NF-1}'
0
```

这里可以看到，已经完全没有来自 v1 版本的响应了，也就是说所有流量都已经按计划进入 v2 版本，v1 版本可以下线了。

本节有以下几点需要注意。

◎ 流量分配是有权重的，并且权重总和必须是 100。
◎ 如果不显式声明权重，则其默认值为 100。

那么如何确定网格现有的路由规则或者其他 Istio 对象呢？方法有以下两种。

（1）使用 kubectl get。Istio 的资源和 Kubernetes 内置的资源一样，都能通过 kubectl 获取，并能够展示当前存在的 VirtualService；还可以使用 kubectl api-resources 命令，列出当前集群支持的所有对象类型。

（2）使用 Kiali。选择左侧菜单中的 Istio Config，如图 7-4 所示为我们新建的路由规则和目标规则。

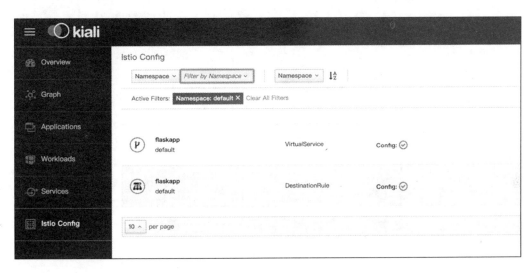

图 7-4

7.4 金丝雀部署

简单说来，金丝雀部署就是在发布新版本时，部署的新版本并不对外开放，而是选择一小部分用户为测试目标，这部分用户对服务的访问会指向特定的版本，通过对这些金丝雀用户的使用情况的观察，来确定新版本服务的发布效果，在确定结果之前，所有其他用户都继续使用原有版本。

这里还是以 flaskapp 为例，按照案例需求，我们假定 v1 是旧版本，v2 是新版本。在发布新版本时,选择一部分用户作为金丝雀用户,在金丝雀用户访问 flaskapp 时产生流量的 HTTP Header 中会有一行 lab: canary,我们会用该内容区别用户,其他登录用户和匿名用户全都访问旧版本 flaskapp,金丝雀用户在访问 flaskapp 时会访问新版本的 flaskapp,整体场景如图 7-5 所示。

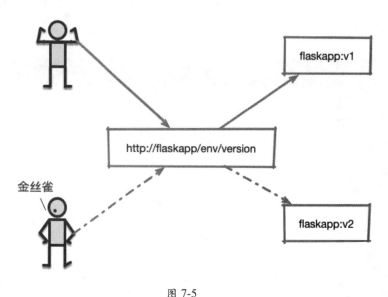

图 7-5

在 7.3 节中讲到的 HTTP 路由,就具备根据 HTTP 内容进行路由的能力。这里可以针对金丝雀用户的需求,再次改写我们的 VirtualService:

```
apiVersion: networking.istio.io/v1alpha3
kind: VirtualService
metadata:
  name: flaskapp
spec:
  hosts:
  - flaskapp.default.svc.cluster.local
  http:
  - match:
    - headers:
        lab:
```

```
            exact: canary
      route:
      - destination:
          host: flaskapp.default.svc.cluster.local
          subset: v2
    - route:
      - destination:
          host: flaskapp.default.svc.cluster.local
          subset: v1
```

将 YAML 内容保存为 flaskapp.virtualservice.yaml，使用 kubectl apply 命令将其提交到 Kubernetes 集群，进入 sleep Pod 开始测试：

```
bash-4.4# http --body http://flaskapp/env/version
v1
```

重复执行几遍，会看到在默认情况下访问的都是 v1 版本的 flaskapp。

我们可以在请求中加入 lab:canary Header，再次调用 flaskapp：

```
bash-4.4# http --body http://flaskapp/env/version lab:canary
v2
```

可以看到，这次得到的是 v2 版本的返回值。

把 canary 换成 phoenix 再试验一下：

```
bash-4.4# http --body http://flaskapp/env/version lab:phoenix
v1
```

可以发现不符合判断条件，生效的仍然是 v1 版本。

对于这个 VirtualService，我们需要了解以下内容。

◎ 和 7.3 节中的情况类似，这里也在 http 字段定义了两个路由（HTTPRoute 对象），区别是这次加入了一个 match 字段，match 字段提供了丰富的匹配功能，其匹配范围不仅包括 HTTP Header，还包括 uri、scheme、method、

authority、端口、来源标签和 gateway 等。
- ◎ 这里使用的是针对 http header 的匹配,要求 lab 的取值必须完全匹配 canary,这里除了可以使用代表完全相等的 exact 动词,还可以使用 prefix 和 regex,分别代表前缀和正则表达式的匹配方式。

7.5 根据来源服务进行路由

在 7.4.1 节中,我们根据用户发出的请求中的 HTTP Header 进行了转发。在实际工作中还存在另一种情况:来自不同版本的服务访问不同版本的目标服务,比如 v1 版本的 sleep 向 flaskapp 发出的请求由 flaskapp 的 v1 版本提供响应,其他版本由 flaskapp 的 v2 版本负责,如图 7-6 所示。

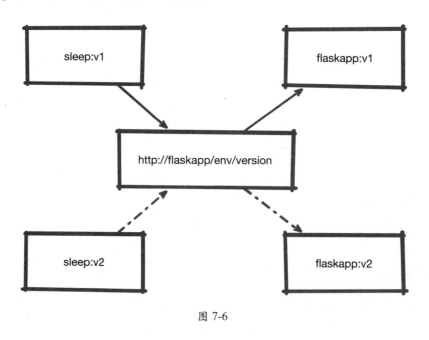

图 7-6

再翻出我们的 flaskapp.virtualservice.yaml 修改一番:

```
......
  - match:
    - sourceLabels:
        app: sleep
        version: v1
    route:
    - destination:
        host: flaskapp.default.svc.cluster.local
        subset: v1
  - route:
    - destination:
        host: flaskapp.default.svc.cluster.local
        subset: v2
......
```

使用 kubectl apply 更新 VirtualService，然后分别进入两个版本的 sleep Pod 进行测试：

```
$ export SOURCE_POD=$(kubectl get pod -l app=sleep,version=v1 -o jsonpath={.items..metadata.name})
$ kubectl exec -it -c sleep $SOURCE_POD -- \
http --body http://flaskapp/env/version
v1
$ export SOURCE_POD=$(kubectl get pod -l app=sleep,version=v2 -o jsonpath={.items..metadata.name})
$ kubectl exec -it -c sleep $SOURCE_POD -- \
> http --body http://flaskapp/env/version
v2
```

测试结果很清楚，从 sleep 服务的 v1 版本发给 flaskapp 的请求，由 flaskapp 的 v1 版本进行了处理，跟我们的预期是一致的。

在上面的 VirtualService 定义里，用 sourceLabels 对来源路由进行了匹配，app 标签为 sleep 且 version 标签为 v1 的请求，会被发送给 flaskapp 的 v1 版本进行处理，其他来源的请求由 v2 版本进行匹配。

7.6 对 URI 进行重定向

还有另外一种对目标路由的分流方式，即根据 URL 进行重定向。例如，如果 v2 版本的 sleep 服务发起对 flaskapp 服务 "/env/HOSTNAME" 路径的请求，那么将其照实返回；如果请求来自 v1 版本的 sleep 服务，那么将其请求路径由 "/env/HOSTNAME" 修改为 "/env/version"。将 flaskapp.virtualservice.yaml 的 spec 字段修改为如下内容：

```yaml
......
  hosts:
  - flaskapp.default.svc.cluster.local
  http:
  - match:
    - sourceLabels:
        app: sleep
        version: v1
      uri:
        exact: "/env/HOSTNAME"
    redirect:
      uri: /env/version
  - route:
    - destination:
        host: flaskapp.default.svc.cluster.local
        subset: v2
......
```

分别再次从两个版本的 sleep 服务的 Pod 发起请求：

```
$ export SOURCE_POD=$(kubectl get pod -l app=sleep,version=v2 -o jsonpath={.items..metadata.name})
$ kubectl exec -it -c sleep $SOURCE_POD -- \
http http://flaskapp/env/HOSTNAME
HTTP/1.1 200 OK
```

```
content-length: 28
content-type: text/html; charset=utf-8
date: Wed, 19 Dec 2018 05:54:30 GMT
server: envoy
x-envoy-upstream-service-time: 0

flaskapp-v1-5b67477bdb-vrwfz
```

可以看到，对于 v2 版本的请求正常返回响应。

再从 v1 版本试一下：

```
$ export SOURCE_POD=$(kubectl get pod -l app=sleep,version=v1 -o jsonpath={.items..metadata.name})
$ kubectl exec -it -c sleep $SOURCE_POD -- \
http http://flaskapp/env/HOSTNAME
HTTP/1.1 301 Moved Permanently
content-length: 0
date: Wed, 19 Dec 2018 05:54:17 GMT
location: http://flaskapp/env/version
server: envoy
```

会发现返回了一个 301 指令，我们在命令中加入跟随重定向的指令再次尝试：

```
$ export SOURCE_POD=$(kubectl get pod -l app=sleep,version=v1 -o jsonpath={.items..metadata.name})
$ kubectl exec -it -c sleep $SOURCE_POD -- \
http --follow http://flaskapp/env/HOSTNAME
HTTP/1.1 200 OK
content-length: 2
content-type: text/html; charset=utf-8
date: Wed, 19 Dec 2018 05:57:25 GMT
server: envoy
x-envoy-upstream-service-time: 1

v2
```

这一次成功看到发生了重定向,即最终由"/env/version"路径处理了我们的请求。

在这次的 VirtualService 定义中,将由 v1 版本的 sleep 服务发起的到 http://flaskapp/env/HOSTNAME 的请求,用 301 指令进行了重定向。这里要注意:redirect 指令会把 URI 进行整体替换,因此灵活性不高;另外,301 指令无法支持 Post 方法。例如我们想要给 httpbin 设置一个使用 Post 方法的重定向,则可编写如下代码:

```yaml
apiVersion: networking.istio.io/v1alpha3
kind: VirtualService
metadata:
  name: httpbin
spec:
  hosts:
  - httpbin.default.svc.cluster.local
  http:
  - match:
    - uri:
        exact: "/get"
    redirect:
      uri: /post
  - route:
    - destination:
        host: httpbin.default.svc.cluster.local
```

将这一段代码保存到 httpbin.virtualservice.yaml 中,并使用 kubectl apply 将其提交到 Kubernetes 集群。这里定义了将对 httpbin 服务"/get"路径的访问重定向到"/post"上,下面用 sleep Pod 发起请求测试一下:

```
$ export SOURCE_POD=$(kubectl get pod -l app=sleep,version=v1 -o jsonpath={.items..metadata.name})
$ kubectl exec -it -c sleep $SOURCE_POD bash
bash-4.4# http -f POST http://httpbin:8000/post data=nothing
HTTP/1.1 200 OK
```

```
access-control-allow-credentials: true
access-control-allow-origin: *
x-envoy-upstream-service-time: 6

{
    "args": {},
    "data": "",
    "files": {},
    "form": {
        "data": "nothing"
    },
……
```

可以看到，POST 成功。我们再次发起请求，这次请求的目标是"/get"：

```
bash-4.4# http --follow -f POST http://httpbin:8000/get data=nothing
HTTP/1.1 405 Method Not Allowed
access-control-allow-credentials: true
access-control-allow-origin: *
allow: POST, OPTIONS
content-length: 178
content-type: text/html
date: Wed, 19 Dec 2018 06:53:32 GMT
server: envoy
x-envoy-upstream-service-time: 5

<!DOCTYPE HTML PUBLIC "-//W3C//DTD HTML 3.2 Final//EN">
<title>405 Method Not Allowed</title>
<h1>Method Not Allowed</h1>
<p>The method is not allowed for the requested URL.</p>
```

这次发生了重定向，但是很明显，并没有满足我们的要求。Istio 还提供了 Rewrite 方式来提供这种在调用前进行 URI 重写的支持。下面再次修改 httpbin 的路由规则，把 redirect 修改为 rewrite：

```
apiVersion: networking.istio.io/v1alpha3
kind: VirtualService
```

```yaml
metadata:
  name: httpbin
spec:
  hosts:
  - httpbin.default.svc.cluster.local
  http:
  - match:
    - uri:
        exact: "/get"
    rewrite:
      uri: /post
    route:
    - destination:
        host: httpbin.default.svc.cluster.local
  - route:
    - destination:
        host: httpbin.default.svc.cluster.local
```

在提交新的规则之后，再次进入 Sleep Pod 进行尝试：

```
bash-4.4# http -f POST http://httpbin:8000/get data=nothing
HTTP/1.1 200 OK
……
{
    "args": {},
    "data": "",
    "files": {},
    "form": {
        "data": "nothing"
    ……
```

这次成功完成了对 Post 方法的改写。

rewrite 方法和 redirect 方法的不同之处在于，在 rewrite 方法的 match 一节必须包含对目标的定义。并且，rewrite 方法不能和 redirect 方法共存。

7.7 通信超时控制

在微服务之间进行相互调用时，因为服务问题或者网络故障的影响，发生超时是在所难免的。对于这种情况如果不加控制，则通常需要等待默认的超时时间，会导致业务处理时间大幅度延长；如果故障持续存在，则往往会造成业务积压，到了一定程度之后甚至会导致故障扩散，造成大面积故障。

即使全部加以控制（例如，对于某一服务的调用，一旦超过一定的时间则自动终止该调用），但因为服务和业务情况多变，需要不断调整控制过程来进行调整和优化。例如，有哪些调用点需要控制？每个调用点的超时应该设置为多少？修改其中一点之后，会对其他调用点的超时设置产生什么样的影响？这种调整意味着很多的重复工作，往往需要非常多的人力和时间投入才能达到较好的效果。

通过 Istio 的流量控制功能可以对服务间的超时进行控制，在应用无感知的情况下，根据 VirtualService 的配置，动态调整调用过程中的超时上限，从而达到控制故障范围的目的。相对于代码修改，这种非入侵的调整方式能够节省大量的成本。

这里为 httpbin 服务编写一个 VirtualService，设置它的超时上限，使对 httpbin 服务的调用一旦超过 3 秒，则判定为超时：

```
apiVersion: networking.istio.io/v1alpha3
kind: VirtualService
metadata:
  name: httpbin
spec:
  hosts:
  - httpbin.default.svc.cluster.local
  http:
  - timeout: 3s
    route:
```

```
    - destination:
        host: httpbin.default.svc.cluster.local
```

将这个文件保存为 httpbin.virtualservice.yaml，并使用 kubectl apply 命令提交到 Kubernetes 集群：

```
$ kubectl apply -f httpbin.virtualservice.yaml
virtualservice.networking.istio.io/httpbin created
```

然后使用 sleep Pod 进行测试，在测试中使用 httpbin 的 "/delay" 路径，这个路径接收一个整数作为参数，在服务器延时指定秒数之后才返回响应：

```
bash-4.4# http --body http://httpbin:8000/delay/2
{
……
    },
    "origin": "127.0.0.1",
    "url": "http://httpbin:8000/delay/2"
}

bash-4.4# http --body http://httpbin:8000/delay/5
upstream request timeout
```

如此看来，我们的超时设置已经生效，如果延迟了 2 秒，则方法可以正常完成调用；如果延迟超过 3 秒，则会发生超时、失败。

可以看出，超时配置非常简单，而且是 VirtualService 的一部分，因此各种过滤和路由也是有效的。我们可以通过请求的源和目的、标签等流量特征来动态确定超时内容。

7.8 故障重试控制

在服务间调用的过程中，有时会发生闪断的情况，目标服务在短时间内不可用，此时如果进行重试，则可能会继续顺利地完成调用。这一功能和在 7.7 节中讲到的超时控制一样，都是用于应对故障的常用手段。在无须开发介入的情况下，直接在运行环境中对故障重试行为进行调整，能够极大地增强系统弹性和健壮性。

下面继续利用 httpbin 服务，返回一个 500 错误，看看重试过程是如何工作的。

改写 httpbin.virtualservice.yaml，在其中加入重试定义：

```
apiVersion: networking.istio.io/v1alpha3
kind: VirtualService
metadata:
  name: httpbin
spec:
  hosts:
  - httpbin.default.svc.cluster.local
  http:
  - route:
    - destination:
        host: httpbin.default.svc.cluster.local
      retries:
        attempts: 3
```

这里定义：在对 httpbin 服务的访问返回故障之后，可以进行三次重试。将新定义的 VirtualService 规则使用 kubectl apply 命令提交到 Kubernetes 集群，之后使用 sleep Pod 进行测试：

```
$ export SOURCE_POD=$(kubectl get pod -l app=sleep,version=v1 -o jsonpath={.items..metadata.name})
$ kubectl exec -it -c sleep $SOURCE_POD -- http http://httpbin:8000/status/500
HTTP/1.1 500 Internal Server Error
……
server: envoy
x-envoy-upstream-service-time: 177
```

结果毫无悬念地返回了内部错误。如何才能知道是否真的进行了重试？可以查查 httpbin pod 中 istio-proxy 容器的访问日志：

```
$ kubectl logs -f httpbin-f455f64c4-7rp22 -c istio-proxy
[2018-12-07T12:25:59.419Z] "GET /status/500HTTP/1.1" 500 - 0 0 1 1 "-"
……
```

会发现，每次访问都产生了 4 条访问日志，也就是说发生了 3 次重试。

回想在 7.7 节中讲到的超时控制内容，问题变得复杂了起来：重试有超时设置，服务调用本身也有超时设置，两者是如何协调的呢？我们可以接着进行测试。

将上面的路由规则进行修改：

```
……
  http:
  - route:
    - destination:
        host: httpbin.default.svc.cluster.local
    retries:
      attempts: 3
      perTryTimeout: 1s
    timeout: 7s
……
```

这里设置每次重试的超时容忍时间为 1 秒，而总体的超时容忍时间为 7 秒，在应用这一规则后进入 sleep Pod，使用 http://httpbin:8000/delay/10 进行测试：

```
$ export SOURCE_POD=$(kubectl get pod -l app=sleep,version=v1 -o jsonpath={.items..metadata.name})
$ kubectl exec -it -c sleep $SOURCE_POD bash
bash-4.4# time http http://httpbin:8000/delay/10
HTTP/1.1 504 Gateway Timeout
……
upstream request timeout
real    0m4.540s
……
```

可以看到，返回时间是 4 秒多，可以判断是重试的超时设置产生了作用。

再次修改路由规则：

```
……
  http:
  - route:
    - destination:
        host: httpbin.default.svc.cluster.local
      retries:
        attempts: 3
        perTryTimeout: 8s
      timeout: 3s
……
```

提交规则，并进入 sleep Pod 再次测试：

```
$ export SOURCE_POD=$(kubectl get pod -l app=sleep,version=v1 -o jsonpath={.items..metadata.name})
$ kubectl exec -it -c $SOURCE_POD bash
bash-4.4# time http http://httpbin:8000/delay/10
HTTP/1.1 504 Gateway Timeout
……
upstream request timeout
……
real    0m3.444s
……
```

这次生效的就是总体的超时时间了。

可以得结论：对于重试的超时设置和总体的超时设置，可以将重试的超时和重试次数的乘积与总体的超时进行比较，哪个小，哪个设置就会优先生效。

7.9 入口流量管理

Kubernetes 为第三方厂商提供了 Ingress Controller 规范,用于入站流量管理。Istio 的早期版本也据此实现了自己的 Ingress Controller,又因 Ingress Controller 在后来无法满足不断增加的需求,所以 Istio 又推出了 Gateway 的概念,用于在网络边缘进行入站和出站的流量管理。

Ingress Gateway 在逻辑上相当于网络边缘的一个负载均衡器,用于接收和处理网格边缘出站和入站的网络连接,其中包含开放端口和 TLS 的配置等内容。

在使用 Helm 进行 Istio 部署时,需要通过下面的设置来启用 Ingress Gateway:

```
gateways:
  enabled: true
  istio-ingressgateway:
    enabled: true
```

实际上,在前面的流量管理探讨中使用的 VirtualService 对象,都默认包含 gateways 字段,如果没有指定,那么其默认值是:

```
gateways:
- mesh
```

这里的 mesh 是 Istio 内部的虚拟 Gateway,代表网格内部的所有 Sidecar,换句话说:所有网格内部服务之间的互相通信,都是通过这个网关进行的。如果要对外提供服务,就需要定义 Gateway 对象,并在 gateways 字段中进行赋值。一旦在 gateways 中填写了 mesh 之外的对象名称,就要继续对内部通信进行流量控制,并必须显式地将内置的 mesh 对象名称也加入列表中。

7.9.1 使用 Gateway 开放服务

我们首先尝试使用 Gateway 开放服务。与 Kubernetes Ingress 类似，我们首先要定义一个 Gateway：

```yaml
apiVersion: networking.istio.io/v1alpha3
kind: Gateway
metadata:
  name: example-gateway
spec:
  selector:
    istio: ingressgateway
  servers:
    - port:
        number: 80
        name: http
        protocol: HTTP
      hosts:
        - "*.microservice.rocks"
        - "*.microservice.xyz"
```

把文件内容保存为 example.gateway.yaml。

在这个定义中有以下几点需要注意：

◎ selector 实际上是一个标签选择器，用于指定由哪些 Gateway Pod 来负责这个 Gateway 对象的运行；

◎ 在 hosts 字段中用了一个通配符域名来指明这个 Gateway 可能要负责的主机名。可以使用 kubectl get svc -n istio-system istio-ingressgateway 查看该服务的 IP，并将测试域名映射这个 IP。

将配置提交给 Kubernetes 集群：

```
$ kubectl apply -f example.gateway.yaml
gateway.networking.istio.io/example-gateway created
```

接下来尝试访问这一域名：

```
$ http flaskapp.microservice.rocks
HTTP/1.1 404 Not Found
content-length: 0
date: Wed, 19 Dec 2018 14:53:32 GMT
location: http://flaskapp.microservice.rocks/
server: envoy
```

访问结果是 404。回过头看 Gateway 的概念，不难发现，其中并没有指定负责响应请求的服务，我们需要对 flaskapp 的路由规则进行修改：

```yaml
apiVersion: networking.istio.io/v1alpha3
kind: VirtualService
metadata:
  name: flaskapp
spec:
  hosts:
  - flaskapp.default.svc.cluster.local
  - flaskapp.microservice.rocks
  gateways:
  - mesh
  - example-gateway
  http:
  - route:
    - destination:
        host: flaskapp.default.svc.cluster.local
        subset: v2
```

这个文件在默认路由的基础上加入了 gateways 的定义，并设置了一个域名，我们现在提交这一定义并进行测试：

```
$ kubectl apply -f flaskapp.virtualservice.yaml
virtualservice.networking.istio.io/flaskapp configured
$ http flaskapp.microservice.rocks/env/version
HTTP/1.1 200 OK
...
```

```
v2
```

测试结果表明,已经成功把 flaskapp 服务通过 Gateway 开放了出来。

7.9.2 为 Gateway 添加证书支持

入口网关通常承担着流量加密的任务,Ingress Gateway 也具备这样的能力。在 Ingress Gateway 中用可选方式加载了一个名称为 istio-ingressgateway-certs 的 Secret,并将其加载到了 /etc/istio/ingressgateway-ca-certs 目录中,因此我们只要使用证书和密钥创建这个 Secret,就可以将其提供给 Gateway 使用了。在 Gateway 中可以使用 tls 字段来定义对证书的使用。

首先使用证书文件创建 Secret:

```
kubectl create -n istio-system secret tls \
    istio-ingressgateway-certs \
    --key rocks/key.pem --cert rocks/cert.pem
```

然后修改 Gateway 的定义:

```
apiVersion: networking.istio.io/v1alpha3
kind: Gateway
metadata:
  name: example-gateway
spec:
  selector:
    istio: ingressgateway
  servers:
  - port:
      number: 80
      name: http
      protocol: HTTP
    hosts:
    - "*.microservice.rocks"
    - "*.microservice.xyz"
```

```
    - port:
        number: 443
        name: https
        protocol: HTTPS
      tls:
        mode: SIMPLE
        serverCertificate: /etc/istio/ingressgateway-certs/tls.crt
        privateKey: /etc/istio/ingressgateway-certs/tls.key
      hosts:
      - "flaskapp.microservice.rocks"
      - "flaskapp.microservice.xyz"
```

在把更新后的网关定义提交到 Kubernetes 集群之后，就可以使用 HTTPS 尝试访问了：

```
$ http https://flaskapp.microservice.rocks/env/version
HTTP/1.1 200 OK
……
x-envoy-upstream-service-time: 1

v2
```

可以看到，对域名 flaskapp.microservice.rocks 的 HTTPS 访问已经生效。

7.9.3　为 Gateway 添加多个证书支持

参照官方文档可以发现，tls secret 只能包含一个证书对，因此一个 Gateway 是无法处理两个域名的 HTTPS 的，可以换用 Generic 类型的证书。这里需要删除原有的 Secret 并重新创建：

```
$ kubectl delete secret istio-ingressgateway-certs -n istio-system
secret "istio-ingressgateway-certs" deleted
$ kubectl create secret generic \
    istio-ingressgateway-certs \
    -n istio-system \
    --from-file=rocks-cert.pem \
```

```
    --from-file=rocks-key.pem \
    --from-file=xyz-cert.pem \
    --from-file=xyz-key.pem
secret/istio-ingressgateway-certs created
```

在新的 Secret 创建好之后，还需要更改 Gateway 的配置：

```
apiVersion: networking.istio.io/v1alpha3
kind: Gateway
metadata:
  name: example-gateway
spec:
  selector:
    istio: ingressgateway
  servers:
  - port:
      number: 80
      name: http-all
      protocol: HTTP
    hosts:
    - "flaskapp.microservice.rocks"
    - "flaskapp.microservice.xyz"
  - port:
      number: 443
      name: https-rocks
      protocol: HTTPS
    tls:
      mode: SIMPLE
      serverCertificate: /etc/istio/ingressgateway-certs/rocks-cert.pem
      privateKey: /etc/istio/ingressgateway-certs/rocks-key.pem
    hosts:
    - "flaskapp.microservice.rocks"
  - port:
      number: 443
      name: https-xyz
      protocol: HTTPS
    tls:
      mode: SIMPLE
```

```
        serverCertificate: /etc/istio/ingressgateway-certs/xyz-cert.pem
        privateKey: /etc/istio/ingressgateway-certs/xyz-key.pem
      hosts:
      - "flaskapp.microservice.xyz"
```

在提交到集群之后,再次进行测试:

```
$ http --body https://flaskapp.microservice.xyz/env/version
v2
$ http --body https://flaskapp.microservice.rocks/env/version
v2
```

可以看到,访问顺利完成,证书已经被正确添加到服务中了。

7.9.4 配置入口流量的路由

VirtualService 中的路由匹配功能对 Ingress 流量也是有效的,例如,若我们希望来自外部的流量由 flaskapp 服务的 v1 版本来处理,则可以这样修改原有的 VirtualService:

```
apiVersion: networking.istio.io/v1alpha3
kind: VirtualService
metadata:
  name: flaskapp
spec:
  hosts:
  - flaskapp.default.svc.cluster.local
  - flaskapp.microservice.rocks
  - flaskapp.microservice.xyz
  gateways:
  - mesh
  - example-gateway
  http:
  - match:
    - gateways:
      - example-gateway
```

```yaml
      route:
        - destination:
            host: flaskapp.default.svc.cluster.local
            subset: v1
    - route:
        - destination:
            host: flaskapp.default.svc.cluster.local
            subset: v2
```

将新的路由配置提交到集群后,分别用两个域名及 sleep Pod 进行测试:

```
$ http --body https://flaskapp.microservice.rocks/env/version
v1

$ http --body https://flaskapp.microservice.xyz/env/version
v1

$ export SOURCE_POD=$(kubectl get pod -l app=sleep,version=v1 -o jsonpath={.items..metadata.name})
$ kubectl exec -it $SOURCE_POD -c sleep -- \
v2
```

可以看到,按照我们的设计,所有从 example-gateway 进入的流量,都由 flaskapp 服务的 v1 版本进行处理,来自内部的流量则由 flaskapp 服务的 v2 版本进行处理。

7.10 出口流量管理

Istio 在对应用进行注入的时候,会劫持该应用的所有流量,在默认情况下,网格之内的应用是无法访问网格之外的服务的,例如尝试在 Sleep Pod 中访问 http://api.jd.com:

```
$ export SOURCE_POD=$(kubectl get pod -l app=sleep,version=v1 -o jsonpath={.items..metadata.name})
$ kubectl exec -it $SOURCE_POD -c sleep --
```

```
http http://api.jd.com
HTTP/1.1 404 Not Found
content-length: 0
date: Wed, 19 Dec 2018 17:26:51 GMT
server: envoy
```

可以看到,由 Sidecar 返回了 404 错误。

但是从网格内部发起对外的网络请求是常见的需求,Istio 提供了以下几种方式用于网格外部通信。

- 设置 Sidecar 的流量劫持范围:根据 IP 地址来告知 Sidecar,哪些外部资源可以放开访问。
- 注册 ServiceEntry:把网格外部的服务使用 ServiceEntry 的方式注册到网格内部。

下面将分别进行实践。

7.10.1 设置 Sidecar 的流量劫持范围

网格内部的应用流量劫持是由 istio-init 容器完成的,有以下两种方式可以影响它的劫持范围。

- 第 1 种:设置 values.yaml 中的 proxy.includeIPRanges 变量。
- 第 2 种:使用 Pod 注解 traffic.sidecar.istio.io/includeOutboundIPRanges,表明劫持范围。

第 1 种方式和之前修改 Helm 输入变量的所有方式基本相同,但是需要重新创建所有被注入的 Pod。

下面测试一下注解方式。

使用 kubectl 编辑 sleep-v1 对象,在 template.metadata 中加入新的注解:

```
annotations:
    traffic.sidecar.istio.io/includeOutboundIPRanges: 10.245.0.0/16
```

这里设置了一个白名单,要求初始化容器只对白名单范围内的 IP 进行劫持,这里输入的 CIDR 范围就是笔者的测试集群的服务地址范围。

通过 kubectl 命令可以看到,sleep-v1 的 Pod 会被重建。

在 Pod 启动完成之后,我们再次进行测试:

```
$ export SOURCE_POD=$(kubectl get pod -l app=sleep,version=v1 -o jsonpath={.items..metadata.name})
$ kubectl exec -it $SOURCE_POD -c sleep -- \
http http://api.jd.com
HTTP/1.1 200 OK
……
</html>
```

可以看到,这一修改已经生效。

这种方式非常直接,但实际上在网格内部是一个例外:访问外部地址的请求会由业务 Pod 发出,绕过 Sidecar,完全不受 Istio 的监控和管理。

为了进行测试,我们再次编辑 sleep-v1,去掉注解的内容。

7.10.2 设置 ServiceEntry

可以为外部服务设置 ServiceEntry,相当于将外部服务在网格内部进行了注册。相对于使用 CIDR 白名单的方式,这种方式让 Istio 对外部服务的访问有了更大的管理能力。

我们首先为 httpbin.org 设置一个 ServiceEntry:

```
apiVersion: networking.istio.io/v1alpha3
kind: ServiceEntry
```

```yaml
metadata:
  name: httpbin-ext
spec:
  hosts:
  - httpbin.org
  ports:
  - number: 80
    name: http
    protocol: HTTP
  resolution: DNS
```

上述内容被保存为 httpbin.entry.yaml，并使用 kubectl apply 提交到集群，然后尝试访问：

```
$ export SOURCE_POD=$(kubectl get pod -l app=sleep,version=v1 -o jsonpath={.items..metadata.name})
$ kubectl exec -it $SOURCE_POD -c sleep -- \
> http http://httpbin.org/get
HTTP/1.1 200 OK
......
```

可以看到，注册后的内容访问成功了。

使用 ServiceEntry 的一个好处就是，可以利用流量管理特性，对外部访问进行监控和管理。例如，我们对刚才的 ServiceEntry 设置了一个 3 秒的超时限制：

```yaml
apiVersion: networking.istio.io/v1alpha3
kind: VirtualService
metadata:
  name: httpbin-service
spec:
  hosts:
  - httpbin.org
  http:
  - timeout: 3s
    route:
    - destination:
```

```
        host: httpbin.org
```

将文本保存为 serviceentry.virtualservice.yaml，并提交到 Kubernetes 集群运行：

```
$ kubectl apply -f serviceentry.virtualservice.yaml
virtualservice.networking.istio.io/httpbin-service created
$ kubectl exec -it $SOURCE_POD -c sleep -- \
time http --body http://httpbin.org/delay/10
upstream request timeout
real    0m 3.45s
……
```

可以看到，超时策略已经生效，在请求时间达到我们设置的超时时间之后会直接返回失败。

7.11 新建 Gateway 控制器

受到网络策略或者安全因素的影响，我们在实际工作中通常需要设置多个不同的边缘网关来完成不同的任务，例如，只有特定节点提供了出站连接能力，或者外部负载均衡只能为部分服务器分发负载等，这时就需要对服务网格中的 Gateway 控制器部署进行定制。

不同用途的 Gateway 控制器可以分布在不同的节点，或者使用不同数量的资源等。

Istio 在 Helm chart 中提供了一个新建 Gateway 的功能，可以在对输入值进行定制之后，使用 Helm 指令生成新的控制器。下面进行实际操作。

首先，在 values.yaml 的 gateways 字段加入如下内容：

```
……
gateways:
```

```yaml
    enabled: true

istio-myingress:
  enabled: true
  labels:
    app: istio-ingressgateway
    istio: myingress
  replicaCount: 3
  autoscaleMax: 5
  resources: {}
  cpu:
    targetAverageUtilization: 80
  loadBalancerIP: ""
  serviceAnnotations: {}
  type: LoadBalancer
  ports:
  - port: 80
    targetPort: 80
    name: http-myingress

istio-ingressgateway:
  enabled: true
  labels:
......
```

这里设置了一个新的 Ingress Gateway 控制器，它会建立三个 Pod，开放 80 端口供外界访问。

使用 Helm 渲染并进行部署：

```
$ helm template istio --name istio -f book-values.yaml \
--namespace istio-system | kubectl apply -f -
```

在完成之后可以尝试为 httpbin 服务创建一个 Gateway 对象来对外开放服务：

```
apiVersion: networking.istio.io/v1alpha3
kind: Gateway
metadata:
```

```yaml
  name: httpbin-gateway
spec:
  selector:
    istio: myingress
  servers:
  - port:
      number: 80
      name: http-all
      protocol: HTTP
    hosts:
    - "*"
```

在这个定义中：

◎ 仅开放了 80 端口；
◎ 没有对主机名做出要求，使用了通配符"*"作为主机名；
◎ selector 用于选择我们新建的 Gateway 控制器。

将上述内容被保存为 httpbin.gateway.yaml，并使用 kubectl apply 命令提交到 Kubernetes 集群。

然后，修改 httpbin.service.yaml，设置其中的 gateways 字段：

```yaml
apiVersion: networking.istio.io/v1alpha3
kind: VirtualService
metadata:
  name: httpbin
spec:
  hosts:
  - "*"
  gateways:
  - httpbin-gateway
  http:
  - route:
    - destination:
        host: httpbin.default.svc.cluster.local
    timeout: 5s
```

这里让 VirtualService 使用新建的 httpbin-gateway 对象对外开放服务，我们测试一下：

```
$ kubectl get svc istio-myingress -n istio-system
NAME              TYPE          CLUSTER-IP     EXTERNAL-IP     PORT(S)         AGE
istio-myingress   LoadBalancer  10.245.87.174  174.128.131.218 80:32010/TCP    10m
$ http 174.128.131.218/ip
HTTP/1.1 200 OK
……
```

可以看到，访问成功得到了响应，也就是说我们成功使用新建的 Gateway 控制器完成了服务的对外开放。

7.12 设置服务熔断

服务熔断是一种保护性措施，即在服务实例无法正常提供服务的情况下，将其从负载均衡池中移除，不再为其分配任务，避免在故障实例上积压更多的任务，并且可以在等待服务能力恢复后，重新将发生故障的 Pod 加入负载均衡池。这也是一种常见的服务降级方法。

在 Istio 中同样提供了非侵入式的服务熔断功能。对这一功能只需设置 DestinationRule 对象即可完成。例如，我们为 httpbin 服务设置一个目标规则：

```
apiVersion: networking.istio.io/v1alpha3
kind: DestinationRule
metadata:
  name: httpbin
spec:
  host: httpbin
  trafficPolicy:
```

```
    connectionPool:
      tcp:
        maxConnections: 1
      http:
        http1MaxPendingRequests: 1
        maxRequestsPerConnection: 1
    outlierDetection:
      consecutiveErrors: 1
      interval: 1s
      baseEjectionTime: 3m
      maxEjectionPercent: 100
```

在创建成功后,使用 kubectl apply 将新的目标规则提交到 Kubernetes 集群。

接下来使用 sleep Pod 中的 wrk 工具测试熔断效果:

```
$ kubectl exec -it $SOURCE_POD -c sleep bash
bash-4.4# wrk -c 3 -t 3 http://httpbin:8000/ip
Running 10s test @ http://httpbin:8000/ip
  3 threads and 3 connections
  Thread Stats   Avg      Stdev     Max    +/- Stdev
    Latency     3.46ms    4.46ms   38.76ms   84.19%
    Req/Sec    581.52    552.90     2.45k    82.33%
  17438 requests in 10.05s, 3.67MB read
  Non-2xx or 3xx responses: 15740
Requests/sec:   1734.44
Transfer/sec:    374.21KB
```

可以看到,非正常结果占了绝大多数,表明熔断已经生效。

接着删除熔断设置,重新测试:

```
$ kubectl delete destinationrules.networking.istio.io httpbin
destinationrule.networking.istio.io "httpbin" deleted
$ kubectl exec -it $SOURCE_POD -c sleep bash
bash-4.4# wrk -c 3 -t 3 http://httpbin:8000/ip
Running 10s test @ http://httpbin:8000/ip
  3 threads and 3 connections
```

```
Thread Stats   Avg      Stdev     Max    +/- Stdev
  Latency     5.66ms    3.93ms   48.42ms   88.83%
  Req/Sec    192.84     71.74    340.00    58.67%
5781 requests in 10.05s, 1.42MB read
Requests/sec:    575.37
Transfer/sec:    144.43KB
```

在删掉熔断设置之后，wrk 重新运行，所有请求都会完成。

这里使用的熔断设置为了测试方便，比较极端：

◎ TCP 和 HTTP 连接池大小都被设置为 1；
◎ 只允许出错一次；
◎ 每秒做一次请求计数；
◎ 可以从负载均衡池中移除 100% 的 Pod；
◎ 发生故障的 Pod 最少在被移除 3 分钟后才能再次加入负载均衡池。

这里用 wrk 工具直接使用超出熔断标准的并行数量来访问 httpbin 服务，在引发熔断后会产生大量的异常响应；在删除目标规则后，熔断规则不复存在，再次用同样的参数运行 wrk，就会恢复正常的访问能力了。

7.13 故障注入测试

在微服务的测试过程中，往往需要对网络故障的场景进行模拟，Istio 也在这方面提供了两种故障注入的能力：延迟和中断。

借助 Istio 的故障注入能力，测试人员可以使用 VirtualService 配置方式，在任意调用中加入模拟故障，从而测试应用在故障状态下的响应情况，甚至可以在请求中注入中断，来阻止某些情况下的服务访问。

7.13.1 注入延迟

首先,编辑 httpbin 的 VirtualService,为服务加入一个 3 秒的延迟:

```
apiVersion: networking.istio.io/v1alpha3
kind: VirtualService
metadata:
  name: httpbin
spec:
  hosts:
  - "httpbin.default.svc.cluster.local"
  http:
  - route:
    - destination:
        host: httpbin.default.svc.cluster.local
    fault:
      delay:
        fixedDelay: 3s
        percent: 100
```

把修改后的 VirtualService 提交到 Kubernetes 集群,然后使用 sleep Pod 进行测试:

```
$ kubectl exec -it $SOURCE_POD -c sleep -- \
time http --body http://httpbin:8000/delay/1
……
real    0m 4.47s
```

可以看到,我们发出的请求要求延时 1 秒,实际延迟了 4 秒,也就是说注入的延迟生效了。

这很自然就让人联想到在 7.7 节中提到的超时控制。

这里为 httpbin 服务设置一个两秒的超时限制,也就是在路由规则中加入 "timeout: 2s",再次进行测试:

```
$ kubectl exec -it $SOURCE_POD -c sleep -- \
```

```
time http --body http://httpbin:8000/ip
......
real    0m 3.44s
......
$ kubectl exec -it $SOURCE_POD -c sleep -- \
time http --body http://httpbin:8000/delay/2
upstream request timeout

real    0m 5.45s
......
```

结果一目了然，我们在请求中注入的延时并不会触发超时，对延迟的注入由以下两项构成。

◎ percent：是一个百分比，用于指定注入延迟的比率，其默认值为 100。
◎ fixedDelay：表明延迟的时间长度，必须大于 1 毫秒。

7.13.2　注入中断

可以通过向服务调用过程中注入中断的方式，测试服务通信中断的结果。仍然以 httpbin 服务为例，我们将它的虚拟服务定义修改为：

```
apiVersion: networking.istio.io/v1alpha3
kind: VirtualService
metadata:
  name: httpbin
spec:
  hosts:
  - "httpbin.default.svc.cluster.local"
  http:
  - match:
      sourceLabels:
        version: v1
    route:
    - destination:
```

```
          host: httpbin.default.svc.cluster.local
      fault:
        abort:
          httpStatus: 500
          percent: 100
      route:
      - destination:
          host: httpbin.default.svc.cluster.local
```

在提交到 Kubernetes 集群后，就可以进行测试了。

```
$ export SOURCE_POD1=$(kubectl get pod -l app=sleep,version=v1 -o jsonpath={.items..metadata.name})
$ export SOURCE_POD2=$(kubectl get pod -l app=sleep,version=v2 -o jsonpath={.items..metadata.name})
$ kubectl exec -it $SOURCE_POD2 -c sleep -- \
http --body http://httpbin:8000/ip
fault filter abort
$ kubectl exec -it $SOURCE_POD2 -c sleep -- \
http --body http://httpbin:8000/ip
{
    "origin": "127.0.0.1"
}
```

同我们设计的执行过程一致：来自 sleep 服务 v1 版本的流量，会被注入一个 HTTP 500 错误；来自 sleep 服务 v2 版本的流量，则不会受到影响。和延迟注入一样，中断注入也可以使用 percent 字段来设置注入百分比。

7.14 流量复制

流量复制是另一个用于测试的强大功能，它可以把指向一个服务版本的流量复制一份出来，发送给另一个服务版本。这一功能能够将生产流量导入测试应用，在复制出来的镜像流量发出之后不会等待响应，因此对正常应用的性能影响较小，又能在不影响代码的情况下,用更实际的数据对应用进行测试。

这里将使用 flaskapp 服务作为测试目标,将访问流量都发给其 v1 版本,同时复制一份到其 v2 版本。

该工作同样在 VirtualService 中完成,编辑 flaskapp 的 VirtualService,将其设置为如下内容:

```
apiVersion: networking.istio.io/v1alpha3
kind: VirtualService
metadata:
  name: flaskapp
spec:
  hosts:
  - flaskapp.default.svc.cluster.local
  http:
  - route:
    - destination:
        host: flaskapp.default.svc.cluster.local
        subset: v1
    mirror:
      host: flaskapp.default.svc.cluster.local
      subset: v2
```

将新的 VirtualService 使用 kubectl apply 命令提交到 Kubernetes 集群,开始进行测试:

```
$ export DEST_POD1=$(kubectl get pod -l app=flaskapp,version=v1 -o jsonpath={.items..metadata.name})
$ export DEST_POD2=$(kubectl get pod -l app=flaskapp,version=v2 -o jsonpath={.items..metadata.name})
$ export SOURCE_POD=$(kubectl get pod -l app=sleep,version=v1 -o jsonpath={.items..metadata.name})
$ kubectl exec -it $SOURCE_POD1 -c sleep -- \
http --body http://flaskapp/env/version
v1
$ kubectl logs $DEST_POD1 -c flaskapp | tail -1
```

```
    10.244.29.0 - - [19/Dec/2018:20:01:43 +0000] "GET /env/version HTTP/1.1"
200 2 "-" "HTTPie/0.9.9" "-"
    $ kubectl logs $DEST_POD2 -c flaskapp | tail -1
    10.244.29.8 - - [19/Dec/2018:20:01:43 +0000] "GET /env/version HTTP/1.1"
200 2 "-" "HTTPie/0.9.9" "10.244.29.8"
```

在从 sleep Pod 发出测试之后，可以看到，按照默认路由调用了 flaskapp 服务的 v1 版本，返回了正常的结果；使用 kubectl logs 命令查看 flaskapp 服务两个不同版本的 Pod，会发现在其 v2 版本的 Pod 中，在同一时间也产生了同样的调用记录。

第 8 章
Mixer 适配器的应用

第 8 章　Mixer 适配器的应用

Istio 除了提供了丰富的流量控制功能，还通过 Mixer 提供了可扩展的外接功能。Mixer "知晓" 每一次服务间的调用过程，这些调用过程会为 Mixer 提供丰富的相关信息，Mixer 通过接入的适配器对这些信息进行处理，能够在调用的预检（执行前）和报告（执行后）阶段执行多种任务；并且 Mixer 的适配器模型是可以扩充的，这也赋予了 Mixer 更大的扩展能力。

8.1　Mixer 适配器简介

Mixer 中现有的适配器大致可以分为以下两类。

◎ 一类是 Istio 内部实现的适配器，用于完成网格的内部功能，例如 Fluentd、Stdio、RedisQuota 等。

◎ 另一类是第三方服务的适配器，用于和外部系统进行对接，例如 DataDog、StackDriver 等。

本章同样从应用场景出发，介绍在 Istio 中使用 Mixer 能够完成的各种任务，只涉及网格内部功能相关的适配器，如下所述。

◎ Denier：根据自定义条件判断是否拒绝服务。

◎ Fluentd：向 Fluentd 服务提交日志。

◎ List：用于执行白名单或者黑名单检查。

◎ MemQuota：以内存为存储后端，提供简易的配额控制功能。

◎ Prometheus：为 Prometheus 提供 Istio 的监控指标。

◎ RedisQuota：基于 Redis 存储后端，提供配额管理功能。

◎ StatsD：向 StatsD 发送监控指标。

◎ Stdio：用于在本地输出日志和指标。

在 3.2.2 节讲过，Mixer 的配置通常由以下三部分组成。

◎ Handler：声明一个适配器的配置。
◎ Instance：声明一个模板，用模板将传给 Mixer 的数据转换为适合特定适配器的输出格式。
◎ Rule：将 Instance 和 Handler 连接起来，确认处理关系。

8.2 基于 Denier 适配器的访问控制

本节会利用 Denier 适配器为 httpbin 服务创建一个 Rule 对象，该对象会阻止来自 sleep 服务的 v1 版本的请求。

要使用 Denier 适配器，则首先要定义它的一个 Handler，每个适配器都会有自己的配置格式，可前往官方网站（https://istio.io/docs/reference/config/policy-and-telemetry/adapters/）进行查询。本节为 Denier 适配器定义的 Handler 结构很简单，仅包含一个错误码和消息：

```
apiVersion: "config.istio.io/v1alpha2"
kind: denier
metadata:
  name: code-7
spec:
  status:
    code: 7
    message: Not allowed
```

这段代码意味着：如果有流量的预检请求通过 Rule 对象传递给了这个 Handler，就会调用失败，返回错误码 7 及错误信息 "Not allowed"。将其保存为 denier.yaml，然后使用 kubectl apply 命令提交到 Kubernetes 集群：

```
$ kubectl apply -f denier.yaml
denier.config.istio.io/code-7 created
```

我们现在只想禁止一个 sleep 服务的 v1 版本，仅通过 Rule 对象的 match 字段匹配即可，因此可以使用一个 checknonting 的模板来定义输入，就是说无须对进入的数据进行检查。

```
apiVersion: "config.istio.io/v1alpha2"
kind: checknothing
metadata:
  name: palce-holder
spec:
```

checknothing 的模板因为没做任何处理，所以也是相当简单的。将其保存为 checknothing.yaml，并使用 kubectl apply 命令提交到 Kubernetes 集群：

```
$ kubectl apply -f checknothing.yaml
checknothing.config.istio.io/place-holder created
```

接下来就可以创建一个 Rule 对象，把二者连接起来。编辑 denier.rule.yaml：

```
apiVersion: "config.istio.io/v1alpha2"
kind: rule
metadata:
  name: deny-sleep-v1-to-httpbin
spec:
  match: destination.labels["app"] == "httpbin" && source.labels["app"]=="sleep" && source.labels["version"] == "v1"
  actions:
  - handler: code-7.denier
    instances: [ place-holder.checknothing ]
```

注意，在 instance 和 handler 两个字段中引用对象的方式为"名称.类型"。

在 match 字段中使用源和目标的标签对服务进行鉴别，整个表达式实现了对来自 sleep 服务的 v1 版本向 httpbin 服务发起调用的流量的识别。

将新建的 Rule 对象提交到集群：

```
$ kubectl apply -f denier.rule.yaml
```

```
rule.config.istio.io/deny-sleep-v1-to-httpbin created
```

这样就成功创建了一个 Rule 对象。

接下来进行测试：

```
$ export SOURCE_POD1=$(kubectl get pod -l app=sleep,version=v1 -o jsonpath={.items..metadata.name})
$ export SOURCE_POD2=$(kubectl get pod -l app=sleep,version=v2 -o jsonpath={.items..metadata.name})
$ kubectl exec -it $SOURCE_POD1 -c sleep -- \
http --body http://httpbin:8000/ip
PERMISSION_DENIED:code-7.denier.default:Not allowed

$ kubectl exec -it $SOURCE_POD2 -c sleep -- \
http --body http://httpbin:8000/ip
{
    "origin": "127.0.0.1"
}
```

测试结果表明，从 sleep 服务的 v1 版本向 httpbin 服务发起请求，会失败且返回 "PERMISSION_DENIED:code-7.denier.default:Not allowed"；从 sleep 服务的 v2 版本向 httpbin 服务发起请求，就会正常返回结果。

为了后续内容的继续进行，删除刚刚创建的三个对象：

```
$ kubectl apply -f denier.rule.yaml -f checknothing.yaml -f denier.yaml
rule.config.istio.io "deny-sleep-v1-to-httpbin" deleted
checknothing.config.istio.io "place-holder" deleted
denier.config.istio.io "code-7" deleted
```

8.3　基于 Listchecker 适配器的访问控制

在 8.1 节中提供的基于 Denier 适配器的访问控制是比较死板的，对 match 字段的表达式修改也稍显烦琐，如果想使用更灵活的控制方式，则可以使用 Listchecker 适配器。

在 Listchecker 适配器中会保存一个列表，并可以声明这一列表是黑名单还是白名单，在有数据输入后，首先判断该数据是否属于列表成员，然后根据列表的黑名单或白名单属性来返回是否许可此次调用。其判断过程如表 8-1 所示。

表 8-1

输入数据	列表内容	列表属性	预检结果
v1	[v1,v3]	黑名单	拒绝
v2	[v1,v3]	黑名单	允许
v1	[v1,v3]	白名单	允许
v2	[v1,v3]	白名单	拒绝

然后就可以创建一系列对象来验证这一列表是否正确了。为 Listchecker 适配器创建一个 Handler 对象，其中的数据定义来自表 8-1 的第 1 行：

```
apiVersion: config.istio.io/v1alpha2
kind: listchecker
metadata:
  name: chaos
spec:
  overrides: ["v1", "v3"]
  blacklist: true
```

将这个文件保存为 chaos.listchecker.yaml，并提交到 Kubernetes 集群：

```
$ kubectl apply -f chaos.listchecker.yaml
listchecker.config.istio.io/chaos created
```

在上面的代码中使用了 overrides 字段保存一个列表用于检查，并在 blacklist 字段声明这一列表为黑名单。Listchecker 适配器还可以使用 providerUrl 字段引用一个远程列表并定时更新，以获得更大的灵活性。

接下来使用 listentry 模板从输入数据中提取内容并输出给 Listchekcer 适配器。将下面的代码保存为 version.listentry.yaml：

```
apiVersion: config.istio.io/v1alpha2
kind: listentry
metadata:
  name: version
spec:
  value: source.labels["version"]
```

listentry 只有 value 一个字段，在其中用表达式从输入数据中提取内容进行后续输出。

将新建文件提交到 Kubernetes 集群：

```
$ kubectl apply -f version.listentry.yaml
listentry.config.istio.io/version created
```

最后创建 Rule 对象将 Instance 和 Handler 连接在一起。这里仍然选择目标为 httpbin 的流量进行测试：

```
apiVersion: config.istio.io/v1alpha2
kind: rule
metadata:
  name: checkversion
spec:
  match: destination.labels["app"] == "httpbin"
  actions:
  - handler: chaos.listchecker
    instances:
    - version.listentry
```

将上面的代码保存为 listentry.rule.yaml，然后提交到 Kubernetes 集群：

```
$ kubectl apply -f listentry.rule.yaml
rule.config.istio.io/checkversion created
```

现在 Handler、Instance 及 Rule 三个对象都已经创建完毕了，我们可以进行测试了：

```
$ export SOURCE_POD1=$(kubectl get pod -l app=sleep,version=v1 -o jsonpath={.items..metadata.name})
$ export SOURCE_POD2=$(kubectl get pod -l app=sleep,version=v2 -o jsonpath={.items..metadata.name})
$ kubectl exec -it $SOURCE_POD1 -c sleep -- \
http --body http://httpbin:8000/ip
PERMISSION_DENIED:chaos.listchecker.default:v1 is blacklisted
$ kubectl exec -it $SOURCE_POD2 -c sleep -- \
http --body http://httpbin:8000/ip
{
    "origin": "127.0.0.1"
}
```

可以看到，在使用 sleep Pod 的 v1 版本访问 httpbin 服务时，访问被拒绝，出现错误信息"PERMISSION_DENIED:chaos.listchecker.default:v1 is blacklisted"；而从 sleep 服务的 v2 版本进行访问时，就可以成功返回响应的内容。

要验证白名单也很简单，只要把 chaos.listchecker.yaml 中的 blacklist: true 改成 blacklist: false，然后重新提交即可。再次执行测试：

```
$ kubectl apply -f chaos.listchecker.yaml
listchecker.config.istio.io/chaos configured
$ kubectl exec -it $SOURCE_POD1 -c sleep -- \
http --body http://httpbin:8000/ip
{
    "origin": "127.0.0.1"
}
$ kubectl exec -it $SOURCE_POD2 -c sleep -- \
http --body http://httpbin:8000/ip
NOT_FOUND:chaos.listchecker.default:v2 is not whitelisted
```

在 Listchecker 适配器更新之后进行新一轮测试，可以看到测试结果发生了变化，与表 8-1 中的第 3、4 行一致，sleep 服务的 v2 版本向 httpbin 发出的访问被拒绝，返回信息为"NOT_FOUND:chaos.listchecker.default:v2 is not whitelisted"。

8.4 使用 MemQuota 适配器进行服务限流

网格内部的服务间调用,因为存在业务优先级、资源分配及服务负载能力等要求,所以常常需要对特定的服务调用进行限制,防止服务过载。

在 Istio 中,我们可以利用 Mixer 的 MemQuota 或 RedisQuota 适配器,在预检阶段对流量进行配额判断,根据为特定流量设定的额度规则来判断流量请求是否已经超过指定的额度(简称超额),如果发生超额,就进行限流处理。

在 Istio 的限流功能实现中,配置工作分为客户端和 Mixer 端两部分。客户端使用 QuotaSpec 定义一个限额,用 QuotaSpecBinding 对象将 QuotaSpec 绑定到特定的服务上;Mixer 端需要处理限额的实现逻辑,用一个 quota 实例定义流量处理规则,用 MemQuota/RedisQuota 的 Handler 来实际处理流量,最后使用 Rule 对象将二者进行绑定。

本节依然会使用 sleep 服务作为客户端,并使用 httpbin 作为服务端。

8.4.1 Mixer 对象的定义

在限流过程中用到的服务端对象并无特别,和所有的 Mixer 适配器应用一样,由 Handler、Instance 结合 Rule,这三种对象一起定义这一行为。首先定义一个 MemQuota 类型的 Handler,通过它来定义 MemQuota 适配器的行为,这里首先定义了默认的限流规定,每秒最多调用 20 次,然后通过 overrides 的方式为 httpbin 服务定义一个限流,每 5 秒只能调用一次:

```
apiVersion: "config.istio.io/v1alpha2"
kind: memquota
metadata:
  name: handler
```

```
spec:
  quotas:
  - name: dest-quota.quota.default
    maxAmount: 20
    validDuration: 10s
    overrides:
    - dimensions:
        destination: httpbin
      maxAmount: 1
      validDuration: 5s
```

把上述文件命名为 memquota-handler.yaml，并提交到 Kubernetes 集群。这里定义了一个每 10 秒调用 20 次的默认调用配额，又为 httpbin 服务定义了一个特例：每 5 秒只允许调用一次。

接下来需要定义的是基于 Quota 模板的 Instance 对象：

```
apiVersion: "config.istio.io/v1alpha2"
kind: quota
metadata:
  name: dest-quota
spec:
  dimensions:
    destination: destination.labels["app"] | destination.service | "unknown"
```

把代码保存为 quota-instance.yaml，并提交到 Kubernetes 集群。这里为 quota 模板定义了一个输入项 demensions，其中包含对服务目标的定义。对 destination 字段的定义是一个属性表达式，其取值逻辑是：首先判断流量目标是否具有 app 标签，如果没有，则获取目标服务的名称，否则取值为"unknown"。

接下来使用一个 Rule 对象将两者关联起来：

```
apiVersion: config.istio.io/v1alpha2
kind: rule
metadata:
```

```
  name: quota
spec:
  actions:
  - handler: handler.memquota
    instances:
    - dest-quota.quota
```

同样,将代码保存为 rule.yaml,并使用 kubectl apply 命令提交到 Kubernetes 集群。

这样就完成了对 Mixer 端三个对象的定义,三个对象联合起来完成任务:Rule 对象负责识别流量,对符合条件并进入该 Rule 对象处理流程的流量,使用 dest-quota 进行处理,将处理结果输出给 MemQuota 适配器的 Handler 对象进行判断。

8.4.2 客户端对象定义

Mixer 端已经定义了配额方式和处理方式,而客户端的配置需要定义两个内容:受限的应用和配额的扣减方式,需要用 QuotaSpec 和 QuotaSpecBinding 对象来完成。

创建一个 QuotaSpec 对象:

```
apiVersion: config.istio.io/v1alpha2
kind: QuotaSpec
metadata:
  name: request-count
spec:
  rules:
  - quotas:
    - charge: 5
      quota: dest-quota
```

把上述代码保存为 quotaspec.yaml,使用 kubectl apply 提交到 Kubernetes 集群。

这里定义了一个 quota 扣减方式,其中的 quota 对应的是在 8.3.1 节中创建的 dest-quota。

然后定义 QuotaSpecBinding 对象，把 QuotaSpec 绑定到服务上：

```
apiVersion: config.istio.io/v1alpha2
kind: QuotaSpecBinding
metadata:
  name: spec-sleep
spec:
  quotaSpecs:
  - name: request-count
    namespace: default
  services:
  - name: httpbin
    namespace: default
```

把上述代码保存为 spec-binding.yaml，使用 kubectl apply 提交到 Kubernetes 集群。

8.4.3 测试限流功能

在相关的 5 个对象都创建成功后，就可以进行测试了：

```
$ export SOURCE_POD=$(kubectl get pod -l app=sleep,version=v1 -o jsonpath={.items..metadata.name})
$ kubectl exec -it $SOURCE_POD -c sleep bash
bash-4.4# for i in `seq 10`;do http --body http://httpbin:8000/ip; done
{
    "origin": "127.0.0.1"
}

RESOURCE_EXHAUSTED:Quota is exhausted for: dest-quota
```

可以看到，这里连续调用了 httpbin 服务，并返回了超额错误。

下面尝试调用 flaskapp 服务：

```
# for i in `seq 10`;do http --body http://flaskapp/env/version; done
v2
```

发现，flaskapp 服务并未受到影响。

8.4.4 注意事项

通过上面的尝试，肯定有不少读者会想：这太复杂了，而且对象之间的引用太混乱（见图 8-1）。

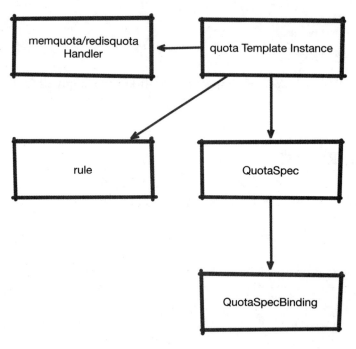

图 8-1

同时，对服务身份的绑定关系也散乱在三个不同的对象中。甚至，到目前为止，QuotaSpec 和 QuotaSpecBinding 还没有提供 Reference，笔者推测这部分发生变化的可能性非常大，**强烈建议不要采用**。

8.5 使用 RedisQuota 适配器进行服务限流

在 8.4 节中讲到的 MemQuota 适配器限流,是一种实验性质的做法,它仅支持固定窗口的限流算法,并且在 Mixer 是多副本的运行状态下,内存计数会完全失效,必须提供一个独立于 Mixer 进程之外的后端服务来提供数据支持,目前官方建议在生产环境中使用 RedisQuota 对象进行限流。

其整体环节和 MemQuota 限流的流程是一致的,只不过其中的 MemQuota Handler 要更换为 Redis 版本,还需要一个用于提供数据后端的 Redis 应用。

8.5.1 启动 Redis 服务

首先我们做一下准备工作,启用一个 Redis 服务器来支持限流操作,这里为了方便起见,先在 Kubernetes 集群中启动一个单实例服务来完成功能展示。

这里选择使用 Redis 的官方镜像,创建一个单实例的 Deployment 和对应的 Service:

```
apiVersion: v1
kind: ReplicationController
metadata:
  name: redis
  labels:
    name: redis
spec:
  replicas: 1
  selector:
    name: redis
  template:
    metadata:
      labels:
```

```
      name: redis
    spec:
      containers:
      - name: redis
        image: redis
        ports:
        - containerPort: 6379
---
apiVersion: v1
kind: Service
metadata:
  name: redis
  labels:
    name: redis
spec:
  ports:
  - port: 6379
    targetPort: 6379
  selector:
    name: redis
```

将上述文件保存为 redis.yaml，并使用 kubectl apply 命令提交到 Kubernetes 集群，Deployment 在启动之后，会在 6379 端口开放一个 Redis 服务。

8.5.2　定义限流相关对象

两种限流方式的对象定义格式基本是一致的，区别仅在于 RedisQuota 的定义要比 MemQuota 的定义细致一些。

这里首先定义 RedisQuota：

```
apiVersion: "config.istio.io/v1alpha2"
kind: redisquota
metadata:
  name: handler
spec:
```

```
  redisServerUrl: "10.245.90.154:6379"
  quotas:
  - name: dest-quota.quota.default
    maxAmount: 20
    bucketDuration: 1s
    validDuration: 10s
    rateLimitAlgorithm: ROLLING_WINDOW
    overrides:
    - dimensions:
        destination: httpbin
      maxAmount: 1
```

将上述代码保存为 redisquota.yaml，并使用 kubectl apply 命令提交到集群。

不难看出，这个文件的主体和在 8.4 节中讲到的 MemQuota Handler 是基本一致的，只不过多出了一些细节，如下所述。

◎ redisServerUrl：用于指定 Redis 服务的地址。
◎ quota.bucketDuration：必须设置为一个大于零的秒数。
◎ quota.rateLimitAlgorithm：可以为每个 Quota 指定各自的限流算法，在 MemQuota 中采用的是 FIXED_WINDOW 算法，且不可更改。
◎ overrides.validDuration：该字段无法继续使用。

在完成之后，可以将 8.4.2 节及 8.4.3 节中的配置文件照抄一遍，唯一不同的就是 Rule 对象中对 Handler 的引用：

```
apiVersion: config.istio.io/v1alpha2
kind: rule
metadata:
  name: quota
spec:
  actions:
  - handler: handler.redisquota
    instances:
    - dest-quota.quota
```

将文件保存为 redis-rule.yaml，然后重新使用 kubectl appl 命令提交在 8.4.1 节和 8.4.2 节中创建的三个文件：

```
$ kubectl apply -f redis-rule.yaml -f quotaspec.yaml -f quota-instance.yaml -f spec-binding.yaml
rule.config.istio.io/quota created
quota.config.istio.io/dest-quota created
quotaspec.config.istio.io/request-count created
quotaspecbinding.config.istio.io/spec-sleep created
```

8.5.3　测试限流功能

进入 sleep Pod，使用 for 循环调动 httpbin 服务：

```
$ export SOURCE=$(kubectl get pod -l app=sleep,version=v1 -o jsonpath={.items..metadata.name})
$ kubectl exec -it $SOURCE_POD -c sleep bash
bash-4.4# for i in `seq 10`;do http --body http://httpbin:8000/ip; done
RESOURCE_EXHAUSTED:Quota is exhausted for: dest-quota

{
    "origin": "127.0.0.1"
}
RESOURCE_EXHAUSTED:Quota is exhausted for: dest-quota
……
```

可以看到，和 MemQuota 一样，限流已经生效，调用失败。

8.6　为 Prometheus 定义监控指标

Mixer 提供了内置的 Prometheus 适配器，该适配器会开放服务端点，使用来自 metrics 模板实例的数据供 Prometheus 进行指标抓取，工作流程大致如图 8-2 所示。

第 8 章　Mixer 适配器的应用

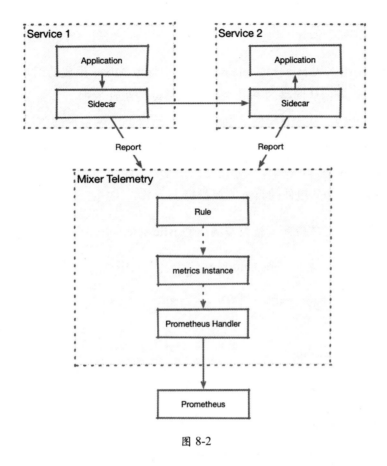

图 8-2

服务间通过 Sidecar 隧道进行相互调用时，客户端和服务端都会向 Mixer Telemetry 服务报告流量信息，Mixer Telemetry 会根据流量信息在注册的 Rule 对象中查找符合其 match 字段的内容，如果有符合要求的结果，则会使用在 Rule 对象中指定的 metrics 模板实例处理流量信息，对于处理后的输出内容，由 Rule 对象中指定的 Prometheus Handler 进行输出。

8.6.1　默认监控指标

在 Istio 的安装文件中，我们可以看到 Prometheus Chart 里 templates/configmap.yaml 提供的 Prometheus 配置模板，其中除了提供了 Kubernetes 的任务，还提供了几个不

同的抓取任务，如下所述。

- istio-mesh：从 Mixer 的 telemtry 服务中抓取 Mixer 生成的网格指标。
- envoy-stats：从网格的 Pod 中抓取 Envoy 的统计数据。
- istio-policy：从 Mixer 的 policy 服务中抓取 Policy 组件的监控指标。
- istio-telemetry：从 Mixer 的 telemtry 服务中抓取 Mixer 服务的指标。
- pilot：Pilot 的自身指标。
- galley：Galley 组件的自身监控指标。

本节要讲的自定义指标，就会被输出到 istio-telemetry 任务中。

在安装完毕 Istio 之后，在 Istio 所在的命名空间中加入一些初始指标：

```
$ kubectl get metrics -n istio-system
NAME              AGE
requestcount      1h
requestduration   1h
requestsize       1h
……
```

例如，其中的 requestsize 如下：

```
$ kubectl get metrics -n istio-system requestsize -o yaml
apiVersion: config.istio.io/v1alpha2
kind: metric
……
  name: requestsize
  namespace: istio-system
…..
spec:
  dimensions:
    connection_security_policy: conditional((context.reporter.kind |
"inbound") ==
        "outbound", "unknown", conditional(connection.mtls | false,
"mutual_tls", "none"))
    destination_app: destination.labels["app"] | "unknown"
```

```
            destination_principal: destination.principal | "unknown"
            destination_service: destination.service.host | "unknown"
          monitored_resource_type: '"UNSPECIFIED"'
          value: request.size | 0
```

结合 3.2.2 节中的讲解，可以看出这是一个 metric 模板的实例，在 dimensions 字段使用 Istio 的属性表达式为指标加入各种标签，并且用 request.size 作为指标的数值。

接下来自然要看看对应的适配器配置了：

```
$ kubectl get prometheus -n istio-system -o yaml
apiVersion: v1
items:
- apiVersion: config.istio.io/v1alpha2
  kind: prometheus
  metadata:
……
    name: handler
    namespace: istio-system
……
  spec:
    metrics:
    - instance_name: requestcount.metric.istio-system
      kind: COUNTER
      label_names:
      - reporter
      - source_app
……
```

可以看到，在这个对象里为 Prometheus 定义了一系列的监控指标规则。

三要素中的适配器和模板都齐全了，就可以看看 Rule 对象了。在 istio-system 命名空间中默认包含两个与 Prometheus 相关的 Rule 对象，分别是 promhttp 和 promtcp，它们把两类不同的 metric 实例和 Prometheus Handler 连接起来。

这样一来，Istio 就通过 Mixer 提供的功能，再结合 Prometheus 形成了完整的数据采集和监控功能，也为用户自定义监控指标提供了基础。

8.6.2 自定义监控指标

根据 3.2.2 节及 8.4.1 节中的讲解，我们知道，还可以使用 Mixer 适配器的配置来生成新的监控指标，所以我们可以尝试生成一个新的监控指标。在现有的 requestsize 指标中是不包含 Header 大小的，为此，我们生成一个新的监控指标。

首先定义一个 metric 对象，在 value 字段使用 request.total_size 来获取 request 的大小并加以监控：

```
$ kubectl get metrics -n istio-system requestsize -o yaml > request.totalsize.yaml
```

编辑新生成的 request.toatlsize.yaml：

```
apiVersion: config.istio.io/v1alpha2
kind: metric
metadata:
  annotations:
……
  name: requesttotalsize
  namespace: istio-system
……
spec:
……
  value: request.total_size | 0
```

在修改完成后，将其提交到 Kubernetes 集群：

```
$ kubectl apply -f request.totalsize.yaml
metric.config.istio.io/requestsize configured
```

接下来修改 Prometheus Handler 的定义，让 Handler 对象处理新建的指标：

```
$ kubectl edit prometheus -n istio-system
…
  - buckets:
      exponentialBuckets:
        growthFactor: 10
        numFiniteBuckets: 8
        scale: 1
    instance_name: requesttotalsize.metric.istio-system
    kind: DISTRIBUTION
    label_names:
    - reporter
    - source_app
    - source_principal
    - source_workload
    - source_workload_namespace
    - source_version
    - destination_app
    - destination_principal
    - destination_workload
    - destination_workload_namespace
    - destination_version
    - destination_service
    - destination_service_name
    - destination_service_namespace
    - request_protocol
    - response_code
    - connection_security_policy
    name: request_total_bytes
…
prometheus.config.istio.io/handler edited
```

在编辑结束之后,再使用 kubectl edit 命令修改系统原有的 Rule 对象(promhttp),把新的指标和 Prometheus Handler 进行绑定:

```
$ kubectl edit rule promhttp -n istio-system
apiVersion: config.istio.io/v1alpha2
kind: rule
```

```
metadata:
  annotations:
......
  name: promhttp
  namespace: istio-system
......
spec:
  actions:
  - handler: handler.prometheus
    instances:
    - requestcount.metric
......
    - requesttotalsize.metric
rule.config.istio.io/promhttp edited
```

接下来就可以使用 sleep Pod 中的 wrk 工具，发起对 httpbin 服务的访问，以便输出流量：

```
$ export SOURCE_POD1=$(kubectl get pod -l app=sleep,version=v1 -o jsonpath={.items..metadata.name})
$ kubectl exec -it $SOURCE_POD1 -c sleep -- wrk http://httpbin:8000/ip
Running 10s test @ http://httpbin:8000/ip
......
Requests/sec:     738.58
Transfer/sec:     185.66KB
```

这样就生成了流量。

接着访问 Prometheus 的查询界面，输入我们新建的指标，就能看到指标数据了（指标名称会自动加入"istio_"前缀），如图 8-3 所示。

事实上，目前这方面能够定制的内容还很有限，主要的定制能力取决于 Envoy 和各种 Mixer 适配器的输出内容。

第 8 章　Mixer 适配器的应用

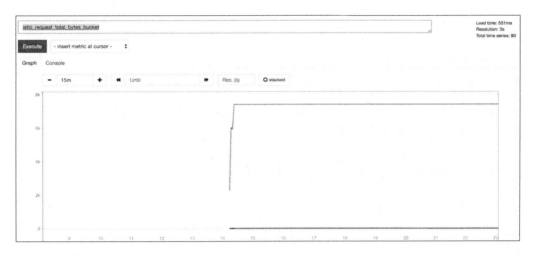

图 8-3

8.7　使用 stdio 输出自定义日志

平台及运行在平台之上的应用都会有各自的日志输出，例如，Kubernetes 中常见的一种方案如图 8-4 所示。

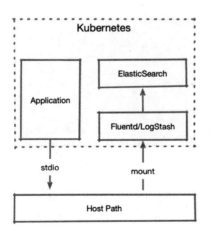

图 8-4

其中：

◎ 业务应用将日志输出到容器自身的 stdio 设备上；
◎ 容器引擎将 Pod 的 stdio 映射到所在节点的文件系统中；
◎ Fluentd 等日志抓取工具用 mount 的方式加载节点文件系统；
◎ 日志抓取工具在处理原始日志之后将其发送给 Elasticsearch。

那么，为什么 Mixer 还要提供额外的日志能力？

有时我们可能需要根据通信内容做一些跨服务的日志记录，这种需求可能是临时提出的，也可能是调试需要的，过去往往需要通过对应用的代码进行修改或者重新配置来完成；而 Istio 可以在不影响应用运行的情况下，通过 Mixer 组件，使用 logentry 模板结合 stdio 或者 Fluentd 适配器来完成这一任务，如图 8-5 所示。

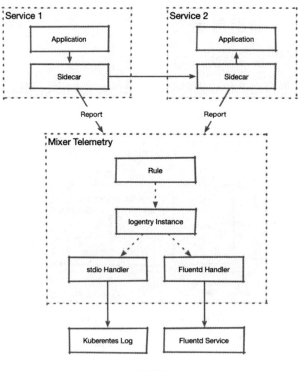

图 8-5

网格内部的应用在通过 Sidecar 进行互访的时候，Sidecar 会发出报告给 Mixer Telemetry，其中包含大量的与本次通信相关的信息。Mixer Telemetry Pod 在接收到这些信息之后，会查询已注册的 Rule 对象，如果有符合 match 要求的流量，则会将流量信息转发给 Rule 对象的 logentry Instance 进行处理。处理后产生的标准数据会交由 stdio 适配器直接显示在 Mixer Telemetry 的 stdio 设备上，可以被 Kubernetes 的标准日志采集方式所获取，或者由 Fluentd 适配器提交给 Flutend 进程进行后续的采集过程。

下面以 stdio 适配器为例，介绍 Istio 自定义流量日志的采集过程。

8.7.1 默认的访问日志

Istio 默认在安装时提供 accesslog 和 tcpaccesslog 两个 logentry 实例，我们可以观察 accesslog 的配置方法：

```
$ kubectl get logentry -n istio-system accesslog -o yaml
apiVersion: config.istio.io/v1alpha2
kind: logentry
metadata:
  annotations:
……
  name: accesslog
  namespace: istio-system
……
spec:
  monitored_resource_type: '"global"'
  severity: '"Info"'
  timestamp: request.time
  variables:
    apiClaims: request.auth.raw_claims | ""
    apiKey: request.api_key | request.headers["x-api-key"] | ""
……
```

可以看出，这里定义了一个访问日志的结构，其中除了常见的日志级别、时间戳,还用 variables 字段定义了一组复杂的数据结构。

再来看看 stdio 的适配器配置:

```
$ kubectl get stdio -n istio-system handler -o yaml
apiVersion: config.istio.io/v1alpha2
kind: stdio
metadata:
  annotations:
……
  name: handler
  namespace: istio-system
……
spec:
  outputAsJson: true
```

这个配置相当简单,使用 JSON 格式输出如下内容:

```
$ kubectl get rule -n istio-system stdio -o yaml
apiVersion: config.istio.io/v1alpha2
kind: rule
metadata:
  annotations:
……
  name: stdio
  namespace: istio-system
……
spec:
  actions:
  - handler: handler.stdio
    instances:
    - accesslog.logentry
    match: context.protocol == "http" || context.protocol == "grpc"
```

这个对象使用通信协议作为过滤标准,如果通信协议是 HTTP 或者 GRPC,则使用 accesslog 进行处理,最后传递给 stdio 适配器,并输出到 Mixer 的 stdio 设备中。

8.7.2 定义日志对象

有了自定义日志条目的能力，我们就可以专门为 sleep 服务对其他服务的访问设置一条日志，记录其所有外发请求。

首先定义一个 logentry 模板的实例：

```
apiVersion: config.istio.io/v1alpha2
kind: logentry
metadata:
  name: sleep-log
spec:
  monitored_resource_type: '"global"'
  severity: '"Info"'
  timestamp: request.time
  variables:
    destinationApp: destination.labels["app"] | ""
    destinationIp: destination.ip | ip("0.0.0.0")
    destinationName: destination.name | ""
    destinationNamespace: destination.namespace | ""
    destinationWorkload: destination.workload.name | ""
    message: "Extra log"
```

这里定义了一个 longentry 对象，其中描述的是一个日志条目，包含了调用时间、日志级别及一系列目标信息的相关变量，将其保存为 logentry.yaml 并提交到 Kubernetes 集群。

然后定义一个 stdio 适配器的 Handler，指定 JSON 格式输出：

```
apiVersion: config.istio.io/v1alpha2
kind: stdio
metadata:
  name: handler
spec:
  outputAsJson: true
```

将上述代码保存为 handler.yaml，并提交到 Kubernetes 集群。

最后定义一个 Rule 对象，加入对 sleep 应用的条件限制，并把新建立的 Handler 和 Instance 进行绑定：

```
apiVersion: config.istio.io/v1alpha2
kind: rule
metadata:
  name: stdio
spec:
  actions:
  - handler: handler.stdio
    instances:
    - sleep-log.logentry
    match: context.protocol == "http" && sourceLabel["app"] == "sleep"
```

将如上代码保存到文件 rule.yaml，并提交到 Kubernetes 集群。

8.7.3　测试输出

接下来验证日志是否能够成功输出：

```
$ export SOURCE=$(kubectl get pod -l app=sleep,version=v1 -o jsonpath={.items..metadata.name})
$ export MIXER=$(kubectl get pod -n istio-system -l istio-mixer-type=telemetry -o jsonpath={.items..metadata.name})
```

在 sleep 服务中使用 wrk 工具访问其他服务：

```
$ kubectl exec -it $SOURCE -c sleep -- \
wrk http://httpbin:8000/ip
Running 10s test @ http://httpbin:8000/ip
  2 threads and 10 connections
  Thread Stats   Avg      Stdev     Max   +/- Stdev
    Latency    13.91ms   10.28ms   96.13ms   87.34%
    Req/Sec   404.57    169.82    660.00    60.50%
  8064 requests in 10.02s, 1.98MB read
```

```
Requests/sec:      805.13
Transfer/sec:      202.32KB
```

使用 grep 过滤，查看 itsio-telemetry 中的日志：

```
$ kubectl logs -n istio-system $MIXER mixer | grep sleep-log
......
{"level":"info","time":"2018-12-23T19:05:06.897249Z","instance":"sleep
-log.logentry.default","destinationApp":"httpbin","destinationIp":"10.244.4
7.9","destinationName":"httpbin-f455f64c4-k4c6x","destinationNamespace":"de
fault","destinationWorkload":"httpbin"}
{"level":"info","time":"2018-12-23T19:05:06.898289Z","instance":"sleep
-log.logentry.default","destinationApp":"httpbin","destinationIp":"10.244.4
7.9","destinationName":"httpbin-f455f64c4-k4c6x","destinationNamespace":"de
fault","destinationWorkload":"httpbin"}
......
```

可以看到，日志在 Mixer telemetry Pod 中按照我们定义的模板完成了输出。如果在集群中配置了容器日志采集，则这部分日志也会被识别和采集。

8.8 使用 Fluentd 输出日志

在 8.7 节中介绍了向 Mixer Telemetry 的 stdio 输出日志的方法，然而 Mixer 本身已经是个重负载组件，如果日志输出量较大，则会造成大量的 I/O 负载。因此，将输出日志的工作交给 Fluentd 可能是个更好的选择。

这里做一个简单的 Fluentd 的 Deployment 和 Service 部署，尝试将自定义日志输出到 Fluentd 中。

8.8.1 部署 Fluentd

首先创建 Fluentd 的 Deployment 和 Service，用于接收日志：

```yaml
apiVersion: v1
kind: Service
metadata:
  name: fluentd-listener
  labels:
    app: fluentd-listener
spec:
  ports:
   - name: fluentd-tcp
     port: 24224
     protocol: TCP
     targetPort: 24224
   - name: fluentd-udp
     port: 24224
     protocol: UDP
     targetPort: 24224
  selector:
    app: fluentd-listener
---
apiVersion: extensions/v1beta1
kind: Deployment
metadata:
  name: fluentd-listener
  labels:
    app: fluentd-listener
  annotations:
    sidecar.istio.io/inject: "false"
spec:
  template:
    metadata:
      labels:
        app: fluentd-listener
    spec:
      containers:
       - name: fluentd-listener
         image: rocklviv/fluentd
```

这里启动了一个 Fluentd 的服务，采用了默认的服务配置文件，会在 24224 端口监听日志输入，并会在 stdout 设备中输出内容。

将其保存为 fluentd-deployment.yaml，并使用 kubetl apply 命令提交到 Kubernetes 集群，待 Pod 启动完成，就可以开始下一步工作了。

8.8.2 定义日志对象

首先需要编写一个 Fluentd 类型的对象：

```
apiVersion: "config.istio.io/v1alpha2"
kind: fluentd
metadata:
  name: handler
spec:
  address: "fluentd-listener:24224"
```

将保存为 fluentd.handler.yaml，并提交到 Kubernetes 集群。

可以看到这个适配器的配置很简单，只要指定一个地址即可，这里使用了我们在 8.8.1 节部署的 Fluentd 服务。

然后直接使用在 8.7.2 节中定义的 logentry.yaml：

```
$ kubectl apply -f logentry.yaml
logentry.config.istio.io/sleep-log created
```

最后使用 Rule 对象将 handler 和 sleep-log 两个对象连接起来：

```
apiVersion: config.istio.io/v1alpha2
kind: rule
metadata:
  name: fluentd
spec:
  actions:
  - handler: handler.fluentd
```

```
  instances:
  - sleep-log.logentry
  match: context.protocol == "http" && source.labels["app"] == "sleep"
```

将其保存为 rule-fluentd.yaml，并使用 kubectl apply 提交到 Kubernetes 集群。上述代码的作用和在 8.7.2 节中定义的筛选是一致的，只不过将输出目标换成了 Fluentd。

8.8.3 测试输出

我们在部署 Fluentd 的时候，为其指定了配置，使用 stdio 进行输出，因此测试起来很简单，只需要打开一个终端窗口，查看 Pod 输出就可以了：

```
$ export FLUENTD=$(kubectl get pod -l app=fluentd-listener -o jsonpath={.items..metadata.name})
$ export SOURCE=$(kubectl get pod -l app=sleep,version=v1 -o jsonpath={.items..metadata.name})
$ kubectl exec -it $SOURCE -c sleep --
> http --body http://httpbin:8000/ip
{
    "origin": "127.0.0.1"
}
```

这里在 sleep Pod 中发出 HTTP 请求，该通信符合 Rule 对象的要求，应该出现在日志中。

接下来查看 Fluentd Pod 中的输出：

```
$ kubectl logs -f $FLUENTD
……
}
2018-12-27 19:54:44.000000000 +0000 sleep-log.logentry.default:
{"severity":"info","destinationName":"httpbin-7d67ccc9b-sdp8n","destinationNamespace":"default","destinationWorkload":"httpbin","destinationApp":"httpbin","destinationIp":[0,0,0,0,0,0,0,0,0,0,255,255,10,244,30,9]}
```

可以看到，Fluentd 成功接收到了日志的内容，其中的内容也符合我们对 logentry

对象的定义。所以，使用 Fluentd 代替 Mixer Telemetry 进行日志采集是完全可行的。

8.9 小结

通过对本章的阅读和实践，相信读者对 Istio Mixer 所提供的功能有了一定的认识。Mixer 自身的功能比较繁杂，又有众多的内部和外部接口，因此可以说是最具潜力同时最具风险和难度的 Istio 组件。我们在测试和投产过程中，一定要严格按照生产要求进行细致完整的测试，避免产生不必要的损失。

第 9 章

Istio 的安全加固

第 9 章　Istio 的安全加固

Istio 为运行于不可信环境内的服务网格提供了无须代码侵入的安全加固能力。在完成微服务改造之后，在流量、监控等基本业务目标之外，安全问题会逐渐凸显出来：原本在单体应用内通过进程内访问控制框架完成的任务，被分散到各个微服务中；在容器集群中还可能出现不同命名空间及不同业务域的互访问题。

在 Istio 中也提供了无侵入的安全解决方案，能够提供网格内部、网格和边缘之间的安全通信和访问控制能力。

9.1　Istio 安全加固概述

安全加固能力是 Istio 各个组件协作完成的，如下所述：

◎ Citadel 提供证书和认证管理功能；
◎ Sidecar 建立加密通道，为其代理的应用进行协议升级，为客户端和服务端之间提供基于 mTLS 的加密通信；
◎ Pilot 负责传播加密身份和认证策略。

总体的协作关系大致如图 9-1 所示。

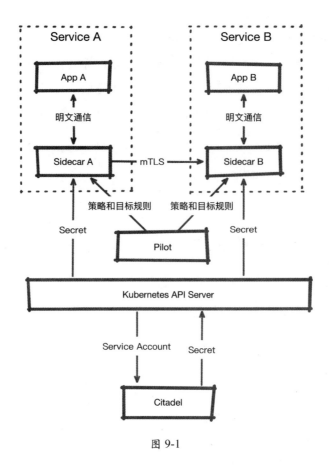

图 9-1

其中：

◎ Citadel 会监控 Kubernetes API Server，为现存和新建的 Service Account 签发证书，并将其保存在 Secret 中，在 Pod 启动加载时会加载这些 Secret；
◎ Pilot 会将认证相关的策略发送给 Sidecar，并且用目标规则来保障实施过程；
◎ 业务容器和 Sidecar 之间的明文通信会被升级为 Sidecar 之间的 mTLS 通信。

本章同样会选择两个典型场景来展示 Istio 的安全加固能力。

9.2 启用 mTLS

首先启用全局 mTLS 来查看效果。

创建两个命名空间,分别将其命名为 mesh 和 plain,并且为 mesh 命名空间开启 Istio Sidecar 自动注入功能:

```
$ kubectl create ns mesh
kunamespace/mesh created
$ kubectl create ns plain
namespace/plain created
$ kubectl label namespaces mesh istio-injection=enabled
namespace/mesh labeled
```

接下来分别在两个命名空间中部署我们的 sleep 和 httpbin 应用:

```
$ kubectl apply -f httpbin.yaml -f sleep.istio.yaml -n mesh
service/httpbin created
……
deployment.extensions/sleep-v2 created
$ kubectl apply -f httpbin.yaml -f sleep.istio.yaml -n plain
……
deployment.extensions/sleep-v1 created
deployment.extensions/sleep-v2 created
```

在部署完成之后,有两组应用在同时运行,这两组应用分别处于网格的内部和外部,我们尝试让二者互访:

```
$ export PLAIN_SLEEP=$(kubectl get pod -n plain -l app=sleep,version=v1 -o jsonpath={.items..metadata.name})
$ export MESH_SLEEP=$(kubectl get pod -n mesh -l app=sleep,version=v1 -o jsonpath={.items..metadata.name})
$ kubectl exec -n plain -it $PLAIN_SLEEP -c sleep -- \
http http://httpbin.mesh:8000/get
```

```
HTTP/1.1 200 OK
….
$ kubectl exec -n mesh -it $MESH_SLEEP -c sleep -- \
http http://httpbin.plain:8000/get
HTTP/1.1 200 OK
……
```

可以看到，此时由网格外部的服务访问网格内部的服务，以及由网格内部的服务访问网格外部的服务，都是没有问题的。

接下来创建一个 MeshPolicy，强制网格内部的所有服务都默认开启 mTLS：

```
apiVersion: "authentication.istio.io/v1alpha1"
kind: "MeshPolicy"
metadata:
  name: "default"
spec:
  peers:
  - mtls: {}
```

将其保存为 meshpolicy.yaml 并提交到 Kubernetes 集群：

```
$ kubectl apply -f meshpolicy.yaml
meshpolicy.authentication.istio.io/default configured
```

在默认策略创建之后，重新尝试刚才的互访：

```
kubectl exec -n plain -it $PLAIN_SLEEP -c sleep -- \
http http://httpbin.mesh:8000/get
http: error: ConnectionError: ('Connection aborted.',
ConnectionResetError(104, 'Connection reset by peer')) while doing GET request
to URL: http://httpbin.mesh:8000/get
command terminated with exit code 1
$ kubectl exec -n mesh -it $MESH_SLEEP -c sleep -- \
http http://httpbin.plain:8000/get
HTTP/1.1 200 OK
……
```

这次发现，由网格外部的服务访问网格内部的服务发生失败，而由网格内部的服务访问网格外部的服务可以正常完成。

那么同一网格内部的服务互访，结果会怎样呢？

```
$ kubectl exec -n mesh -it $MESH_SLEEP -c sleep -- \
http http://httpbin.mesh:8000/get
HTTP/1.1 503 Service Unavailable
content-length: 57
content-type: text/plain
date: Mon, 24 Dec 2018 18:42:22 GMT
server: envoy

upstream connect error or disconnect/reset before headers
```

可以发现，即便是同一网格内部的服务互访，也还是出问题了。这是因为所有的服务端 Sidecar 都只接受 mTLS 客户端的接入，客户端却没有随之变化。要应对这种情况，就可以使用 DestinationRule 对象来显式声明这个接入要求：

```
apiVersion: "networking.istio.io/v1alpha3"
kind: "DestinationRule"
metadata:
  name: "httpbin"
spec:
  host: "httpbin.mesh.svc.cluster.local"
  trafficPolicy:
    tls:
      mode: ISTIO_MUTUAL
```

将上述代码保存为 destinationrule.mtls.yaml 并提交到 Kubernetes 集群，重新执行测试：

```
kubectl exec -n plain -it $PLAIN_SLEEP -c sleep -- \
http http://httpbin.mesh:8000/get

http: error: ConnectionError: ('Connection aborted.',
ConnectionResetError(104, 'Connection reset by peer')) while doing GET request
```

```
to URL: http://httpbin.mesh:8000/get
   command terminated with exit code 1
   $ kubectl exec -n mesh -it $MESH_SLEEP -c sleep -- \
   http http://httpbin:8000/get
   HTTP/1.1 200 OK
   ……
```

可以看到，来自 plain 命名空间的访问依然是无法完成的，但是在开启了 DestinationRule 之后，网格内部的服务访问就恢复正常了。

如此一来，通过简单的 Policy 和 DestinationRule 对象定义，我们在应用程序不改动、无感知的情况下，将网格内部的服务间的通信协议从明文传输升级为 mTLS 加密，并限制了外部的明文访问。

那么，如果只想启用 mTLS 作为 RBAC 的前提，但是对外部服务时不希望访问受到限制，则该如何完成呢？只需修改一下我们的 MeshPolicy：

```
apiVersion: "authentication.istio.io/v1alpha1"
kind: "MeshPolicy"
metadata:
  name: "default"
spec:
  peers:
  - mtls:
      mode: PERMISSIVE
```

为 mtls 字段加入 mode: PERMISSIVE，重新提交：

```
$ kubectl apply -f meshpolicy.yaml -n mesh
meshpolicy.authentication.istio.io/default configured
```

再次从 plain 命名空间发起访问：

```
$ kubectl exec -n plain -it $PLAIN_SLEEP -c sleep -- \
http http://httpbin.mesh:8000/get
HTTP/1.1 200 OK
……
```

```
$ kubectl exec -n mesh -it $MESH_SLEEP -c sleep -- \
http http://httpbin.mesh:8000/get
HTTP/1.1 200 OK
……

$ kubectl exec -n mesh -it $MESH_SLEEP -c sleep -- \
http http://httpbin.plain:8000/get
HTTP/1.1 200 OK
……
```

可以看到，多个方向的互访也都没有问题，这种宽容模式对于试点和迁移过程中的混合部署是非常有帮助的。

9.3 设置 RBAC

RBAC（Role Based Access Control）是目前较为通用的一种访问控制方法。Istio 也提供了这样的方式来支持服务间的授权和鉴权。

注意，在开始之前，首先要在 values.yaml 中设置：

```
mtls:
  enabled: true
```

在部署成功后，就可以在网格中启动我们的 sleep 应用和 httpbin 应用了。在启动完成后，尝试使用 sleep Pod 访问 httpbin 服务：

```
kubectl exec -it $SOURCE -c sleep -- \
http http://httpbin:8000/ip
HTTP/1.1 200 OK
……
```

不出意外，访问可以正常完成。

下面提交一个策略,启动 RBAC:

```
apiVersion: "rbac.istio.io/v1alpha1"
kind: RbacConfig
metadata:
  name: default
spec:
  mode: 'ON_WITH_INCLUSION'
  inclusion:
    namespaces: ["default"]
```

将上述内容保存为 rbac.yaml,并提交到 Kubernetes 集群。这一规则的意义在于,为所有 default 命名空间中的服务都启动 RBAC 策略。

再次启动测试:

```
kubectl exec -it $SOURCE -c sleep -- \
http http://httpbin:8000/ip
HTTP/1.1 403 Forbidden
……
RBAC: access denied
```

问题出现了,在 RBAC 启动之后,在默认情况下,所有服务的调用都会被拒绝。接下来需要做的就是制定策略,开放对 httpbin 服务的访问。

一般来说,RBAC 系统中的授权过程都是通过以下几步进行设置的:

(1)在系统中定义原子粒度的权限;

(2)将一个或者多个权限组合为角色;

(3)将角色和用户进行绑定,从而让用户具备绑定的角色所拥有的权限。

在 Istio 中使用在 3.2.4 节提到的 ServiceRole 和 ServiceRoleBinding 这两个对象来完成这一过程。

首先定义一个可以使用 HTTP GET 访问所有服务的 ServiceRole:

```
apiVersion: "rbac.istio.io/v1alpha1"
kind: ServiceRole
metadata:
  name: service-viewer
spec:
  rules:
  - services: ["*"]
    methods: ["GET"]
```

将其保存为 servicerole.yaml。

这里定义了一个名称为 service-viewer 的角色，在 rules 字段中进行授权，允许该角色使用 GET 方法访问所有服务。

然后定义一个 ServiceRoleBinding，将上面的角色绑定到所有 default 命名空间的 ServiceAccount 上：

```
apiVersion: "rbac.istio.io/v1alpha1"
kind: ServiceRoleBinding
metadata:
  name: bind-service-viewer
spec:
  subjects:
  - properties:
      source.namespace: "default"
  roleRef:
    kind: ServiceRole
    name: "service-viewer"
```

将其保存为 servicerolebinding.yaml。

这里的 subject 用了一个属性限制来指定绑定目标：所有来自 default 命名空间的调用者。符合这一条件的用户都被绑定到 service-viewer 这个角色上。

我们将这两个文件提交到 Kubernetes 集群：

```
$ kubectl apply -f servicerole.yaml -f servicerolebinding.yaml
```

```
servicerole.rbac.istio.io/service-viewer created
servicerolebinding.rbac.istio.io/bind-service-viewer created
```

然后再次尝试,会发现已经恢复访问:

```
$ kubectl exec -it $SOURCE -c sleep -- \
http http://httpbin:8000/ip
HTTP/1.1 200 OK
……
```

再进一步地,我们试试没有授权的 POST 方法:

```
$ kubectl exec -it $SOURCE -c sleep -- \
http -f POST http://httpbin:8000/post name=vincent
HTTP/1.1 403 Forbidden
……
RBAC: access denied
```

因为在 ServiceRole 中仅设置了 GET 方法的授权,因此 POST 方法还是无法通过。

下面将这个角色进行细化。假设我们的两个版本的 sleep 应用使用不同的 ServiceAccount 运行:v1 版本使用 sleep,v2 版本使用 sleep-v2。我们对 sleep 服务的 v1 版本开放 POST 方法。

首先创建新的 Service Account:

```
$ kubectl create sa sleep
serviceaccount/sleep created
$ kubectl create sa sleep-v2

serviceaccount/sleep-v2 created
```

接下来更新 sleep.yaml,在其中增加 ServiceAccount:

```
……
metadata:
  name: sleep-v1
```

```
spec:
  replicas: 1
  template:
    metadata:
      labels:
        app: sleep
        version: v1
    spec:
      serviceAccountName: sleep
      containers:
……
metadata:
  name: sleep-v2
spec:
  replicas: 1
  template:
    metadata:
      labels:
        app: sleep
        version: v2
    spec:
      serviceAccountName: sleep-v2
……
```

删除原有部署，重新启动并注入 sleep 应用，继续后续的测试操作：

```
$ export SOURCE=$(kubectl get pod -l app=sleep,version=v1 -o jsonpath={.items..metadata.name})
$ export SOURCE2=$(kubectl get pod -l app=sleep,version=v2 -o jsonpath={.items..metadata.name})
$ kubectl exec -it $SOURCE2 -c sleep -- \
http -f POST http://httpbin:8000/post name=vincent
HTTP/1.1 403 Forbidden
……
RBAC: access denied

$ kubectl exec -it $SOURCE2 -c sleep -- \
http -f GET http://httpbin:8000/ip
```

```
HTTP/1.1 200 OK
......
```

可以看到，sleep 服务的 v2 版本目前和其他服务权限是一致的。接下来创建一个新的 Service Role：

```
apiVersion: "rbac.istio.io/v1alpha1"
kind: ServiceRole
metadata:
  name: service-owner
spec:
  rules:
  - services: ["*"]
    methods: ["GET","POST"]
```

将其保存为 servicerole-owner.yaml。

然后创建新的 servicerolebinding.yaml 的绑定关系，将 sleep-v2 和 service-owner 关联起来：

```
apiVersion: "rbac.istio.io/v1alpha1"
kind: ServiceRoleBinding
metadata:
  name: bind-service-owner
spec:
  subjects:
  - user: "cluster.local/ns/default/sa/sleep"
  roleRef:
    kind: ServiceRole
    name: "service-owner"
```

将上述代码保存为 servicerolebinding-owner.yaml，并提交到 Kubernetes 集群：

```
$ kubectl apply -f servicerolebinding-owner.yaml
servicerolebinding.rbac.istio.io/bind-service-owner created
$ kubectl apply -f servicerole-owner.yaml
servicerole.rbac.istio.io/service-owner created
```

然后再次测试：

```
$ kubectl exec -it $SOURCE2 -c sleep -- \
http -f POST http://httpbin:8000/post name=vincent
HTTP/1.1 403 Forbidden
RBAC: access denied

$ kubectl exec -it $SOURCE -c sleep -- \
http -f POST http://httpbin:8000/post name=vincent
HTTP/1.1 200 OK
……
```

如此一来，使用不同 Service Account 运行的服务版本，就分别具备了不同的权限。因为服务和 ServiceAccount 的关系可以由管理员进行指定，所以在授权方面会有非常大的灵活性。

9.4　RBAC 的除错过程

RBAC 的设置过程是非常容易出错的，这里可以使用自定义日志的方式，在 Mixer Telemetry 中监控日志。具体解释可以参看 8.5 节中的内容。

这里给出一个简单样例：

```
apiVersion: "config.istio.io/v1alpha2"
kind: logentry
metadata:
  name: rbaclog
spec:
  severity: '"warning"'
  timestamp: request.time
  variables:
    source: source.labels["app"] | source.workload.name | "unknown"
    user: source.user | "unknown"
```

```
      destination: destination.labels["app"] | destination.workload.name | "unknown"
      responseCode: response.code | 0
      responseSize: response.size | 0
      latency: response.duration | "0ms"
    monitored_resource_type: '"UNSPECIFIED"'
---
apiVersion: "config.istio.io/v1alpha2"
kind: stdio
metadata:
  name: rbachandler
spec:
 outputAsJson: true
---
apiVersion: "config.istio.io/v1alpha2"
kind: rule
apiVersion: "config.istio.io/v1alpha2"
kind: rule
metadata:
  name: rabcstdio
spec:
  actions:
   - handler: rbachandler.stdio
     instances:
      - rbaclog.logentry
---
```

将文件保存为 rbaclog.yaml，并提交到 Kubernetes 集群，就可以使用 kubectl logs 命令查看了：

```
$ export MIXER=$(kubectl get pod -n istio-system -l istio-mixer-type=telemetry -o jsonpath={.items..metadata.name})
$ kubectl logs -f -n istio-system $MIXER -c mixer | grep rbaclog
……
{"level":"warn","time":"2018-12-25T17:31:20.154517Z","instance":"rbaclog.logentry.istio-system","destination":"httpbin","latency":"2.787091ms","r
```

```
esponseCode":200,"responseSize":585,"source":"sleep","user":"cluster.local/
ns/default/sa/sleep"}
    {"level":"warn","time":"2018-12-25T17:31:21.158470Z","instance":"rbacl
og.logentry.istio-system","destination":"telemetry","latency":"1.604272ms",
"responseCode":200,"responseSize":5,"source":"sleep","user":"cluster.local/
ns/default/sa/sleep"}
    ……
```

根据日志内容中的 source、destination 等进行过滤，就可以清楚地看到在访问过程中出现的问题了。

第 10 章
Istio 的试用建议

前面已经展示了 Istio 的大多数功能,在无须对程序进行修改(分布式跟踪除外)的情况下,能对应用提供如此之多的功能支持,可以证明 Istio 是非常有吸引力的。Istio 的功能集完全可以说是服务网格技术的典范。

然而,作为一个新生事物,Istio 还很初级的。虽然前面讲了很多功能,但笔者认为对于选型决策来说,更重要的是:该系统具有什么样的缺点,我们能否接受,对于无法接受的问题是否可以规避。下面仅就笔者个人的认知,列出 Istio 的一些问题,同时结合以往的经验,谈谈试用 Istio 时的一些建议和注意事项。

结合 Istio 的现状,以及多数企业的运行状态,个人浅见:Istio 的应用在现阶段只能小范围试探性地进行,在进行过程中要严格定义试用范围,严控各个流程。

按照个人经验,笔者将试用过程分为如下 4 个阶段。

- ◎ 范围定义:选择进入试用的服务,确定受影响的范围,并根据 Istio 项目现状决定预备使用的 Istio 相关功能。围绕这些需要,制定试用需求。
- ◎ 方案部署:根据范围定义的决策,制定和执行相关的部署工作。其中包含 Istio 自身的部署和业务服务、后备服务的部署工作。
- ◎ 测试验证:根据既有业务目标对部署结果进行测试。
- ◎ 切换演练:防御措施,用于在业务失败时切回到原有的稳定环境。

下面会根据这几点内容,逐一展开讨论。

10.1 Istio 自身的突出问题

API 稳定性可能是最严重的一个问题。目前最成熟的功能组别应该是流量控制,其版本号也仅是 v1alpha 3。一般来说,alpha 阶段的产品,不会提供向后兼容的承诺,流量控制 API 在从 v1alpha 2 升级为 v1alpha 3 的过程中,API 几乎全部改写,使得很多早期用户的精力投入付诸东流。核心功能尚且如此，更别提相对比较"边缘"的 Mixer、Citadel 及 Galley 组件的相关内容。

Istio 的发布节奏和发布质量方面的问题也相当严重。在 Istio 并不算长的历史中，出现了多次版本撤回、大版本严重延期、发布质量低下无法使用及 Bug 反复等状况，这无疑会让每次升级尝试都充满了不确定性，会极大影响生产过程的连续性。

Mixer 是一个问题焦点，其数据模型较为复杂，并且将所有应用的流量集中于一点，虽然在其中加入了各种缓存等技术来减少延迟，但是其独特地位决定了 Mixer 始终处于一个高风险的位置。

Pilot 在性能方面也经常被人诟病，虽然经过几次升级，但仍在 1.0 版本之后，出现了 Pilot 在集群中服务或 Pod 过多的情况下会超量消耗资源的两次状况。

安全、物理机和虚拟机的支持及网格边缘通信这三组功能，目前用户较少，质量尚不明确。

最后就是 Istio 的 Sidecar 注入模式，这种模式一定会增加服务间调用的网络延迟，目前是一个痼疾。Sidecar 的固定延迟和 Mixer 的不确定行为相结合，有可能会产生严重后果。

这里提出的只是被反复提及或者经常出现在 Issue 列表中的问题，从发布的问题来看，面临的风险可能远不止这些。

10.2 确定功能范围

在 Istio 中包含了非常多的功能点，从原则上来说，各种功能都是有其实际作用的。然而，Istio 作为一个新产品，本身也有很多不足，我们在 10.1 节中也提到了这些不足。

Istio 提供的众多功能对每个公司或者项目，都会有不同价值。我们在采用一个新系统时，首先要考虑的就是性价比问题，这里的"价"代表着 Istio 带来的风险、对业务应用的影响，还包括可能出现的服务停机等问题。

笔者曾经做出这样一个性价比的降序排列，如下所述。

（1）服务监控和跟踪：对存量应用提供服务质量可视化支持，并且可以通过自定义实现指标和日志的定制，有效地根据服务质量的变化提供告警和分析支持。

（2）路由管理：能有效地支持版本更新和回滚、金丝雀测试等发布相关的功能；并且其中的重试控制、超时控制对应对网络波动非常具有实际意义；同时，故障注入和流量复制功能对测试来说也是很有帮助的。

（3）限流和黑白名单功能：能有效地提高服务的健壮性；但是从这里开始，风险已经开始提高了。

（4）mTLS 和 RBAC 功能：大幅提高安全性，带来的代价是因为配置错误或者证书轮转等问题，造成服务中断的风险。

当然，每个不同的组织都可能会有自己的评判方法，这里的排列仅供参考。

在制定了优先级列表之后，就可以根据这一列表，结合项目的实际需求，按照效果明显、功能稳定、部署成本低、少改造或者不改造的标准来进行选择，最终确定待测试的功能点。

在选定功能点之后，应该遵循目前已有的 Istio 文档，对各个功能点进行单项测试和验证，以确保其有效性。并通过官方 GitHub 的 Issue 列表及讨论组内容，了解现有功能是否存在待解决的问题，以及相关的注意事项等。

10.3 选择试用业务

在试用功能点确定之后,就要选择用于试用的业务应用了。Istio 作为一个相对底层的系统,其部署和调试过程必然会对业务产生一定的影响,在运行阶段又有 Sidecar 和各个组件造成的损耗,如下所述。

- 所有网格之间的通信都要经过 Sidecar 的中转,会造成大约 10 毫秒的延迟。
- Pilot 对集群规模敏感,集群中的服务数量、Pod 数量都可能对 Pilot 造成较大影响,也会影响到 Istio 各种规则向 Pod 的传输过程。
- 所有流量都会经由 Mixer 处理,也有造成瓶颈的可能。
- 安全功能设置不当同样会造成服务中断。

如上所述还只是个概要,对业务来说,对这些风险都是必须正视并做好预案的。为了避免引起过大损失,建议将如下标准作为选择试用服务的依据。

- 能够容忍一定的中断时间:不管是 Istio 还是其他新技术的采用,都可能会造成服务中断,应该避免选择使用关键业务进行试点。
- 对延迟不敏感:对于高频度、低延迟的服务类型,Sidecar 造成的固定延迟总体来看会非常可观,因此不建议采用这种负载类型的业务作为试用服务。
- 调用深度较浅:一个试用服务如果包含太多层次,则每个层次之间都会因为 Sidecar 的延迟变慢少许,但是叠加起来会使得整个业务产生比较明显的延迟。
- 能够方便地回滚和切换:应该在前端负载均衡器、反向代理方面做好切换准备,在服务发生中断时,能够迅速切回原有环境。
- 具备成熟完善的功能、性能和疲劳测试方案:试用服务的上线必须有一个明确的标准,并以符合标准的测试结果来对标准进行验证。

10.4 试用过程

在选择了 Istio 功能范围和试用服务之后，就应该开始试用了，这里分享笔者在这方面的建议。

10.4.1 制定目标

首先按照现有业务的实际需要，对试用服务进行功能分析。和传统的需求功能分析类似，要在该过程中明确一些具体的需求内容。

◎ 环境需求：说明 Istio 部署所需的 Kubernetes 部署需求，以及整体功能所需的系统资源需求，并根据实际的组织运行流程进行申请、分配，建立环境需求说明书供后续步骤核对。
◎ 功能性需求：在 Istio 的功能中选择需要 Istio 为试用服务提供支撑的功能，应形成功能测试案例。
◎ 服务质量需求：根据现有业务的运行状况，对服务质量提出具体要求，例如并发数量、响应时间、成功率等，应形成性能测试案例。
◎ 故障处理需求：对于试点应用发生故障时，如何在网格和非网格版本的试用服务之间进行切换以降低故障影响，应形成故障预案。

这里需要重视的一点是，在试用过程中，非常不建议"借机会"对现有试点应用进行业务或者负载方面的改动，以免对试用过程造成干扰，混淆试用结果。

另外，建议形成一份关联服务列表，用于评估试用服务的影响范围，尤其是有关网格外服务的引用会影响注入行为，需要额外关注。

10.4.2 方案部署

试用方案的部署过程可以分为以下几步。

1．Istio 部署

首先是基本环境的准备，按照在 10.4.1 节中制定的环境需求，复查集群环境。如果是内网部署，则应该部署内网可达的私有镜像库，推送全部所需的镜像，并利用 Helm 变量设置合理的镜像地址。

接下来根据试用需求，利用 Helm 对 Istio 部署进行调整，这方面的调整主要分为两类：资源调度和功能裁剪，如下所述。

先说功能调度，Istio 的默认配置是非常保守的，申请的 CPU 和内存资源都很低，并且残留了一部分调试信息，这是为了让测试用户在尽量少消耗资源的前提下，尽可能多地体验 Istio 的功能而设计的，而我们的目的是为生产服务，自然就应该根据实际应用进行调节了。

目前可以通过 values.yaml 进行调整的资源项目如下。

- proxy.resources：负责指定 Sidecar 的资源分配。
- defaultResources：负责 Istio 各个控制面组件的默认资源分配。
- gateway.resources：负责 Istio Gateway Controller 的资源分配。
- pilot.resources：负责 Pilot 组件的资源分配。

在试用过程中，建议详细调整各个组件及 Sidecar 的资源设置，并启用 HPA。

Istio 官方给出的一些资源分配建议如下。

- 在每秒有 1000 个请求并打开日志的情况下，Sidecar 需要 1 vCPU。
- Mixer 预检功能在每秒有 1000 请求的情况下，如果缓存达到 80% 的命中率，则需要 0.5 vCPU。

◎ 服务间的延迟通常会增加 10 毫秒。

笔者给出如下补充建议。

◎ 在试用过程中，尤其是在压力测试或业务高峰场景下，建议利用节点亲和性及 Pod 亲和性设置，将控制面和数据面分离，以备在出现性能问题时迅速排查。
◎ 在默认情况下，多个组件都开启了访问日志（可能来自各进程本身，也可能来自 stdio 适配器），这可能会严重影响性能，需要检查并进行设置。
◎ 部分组件开启了跟踪功能，也可能会对性能有所影响。
◎ 对服务器节点的 I/O 要严密关注，也应随时注意 Istio 控制面各应用的资源占用和 HPA 工作情况。

在设置好资源及相关选项之后，还应根据试用目标来对 Istio 组件功能进行裁剪，例如：增删 Ingress Gateway Controller；Prometheus、Grafana 这些第三方组件是否启动；Galley 校验、Mixer 预检是否使用等。

还需要对 Istio 进行一些个性化配置，例如开放端口、Ingress 资源等。

上述这些内容都可以在 values.yaml 中进行配置。

2. 后备服务部署

在进行试用应用的注入之前，首先应该部署一组备份服务，这组服务需要和整体服务网格进行隔离。这一组备份服务应处于待机模式，以备网格版本的应用在出现故障时，进行整体切换。基于这一点考虑，负载均衡等前端控制设施也应备齐。

3. 试用服务部署

接下来要把试用服务部署到网格中，同其他 Kubernetes 一样，网格应用的部署也是从 YAML 代码开始的。原有应用的部署代码需要根据 Istio 标准进行复核，检查其中的端口命名、标签设置。

除了待注入的应用清单文件，还应该为每个部署单元都提供默认的 VirtualService 和 DestinationRule，建立基本的路由关系，提供一个路由基准，方便在路由调整过程中进行对比。

然后根据在 10.4.1 节中制定的具体网格需求列表，逐个编写所需的路由、规则等方面的配置内容。

在这些都完成之后，就可以按照顺序逐个提交部署了。

4. 监控告警部署

在试用服务部署之后，就有更多的项目可以监测了，这里建议将其自带的 Prometheus 进行变更，连接到能够有效发出告警的 Alert manager 组件上，并为以下几组目标进行监测和告警。

- Pilot 的内存和 CPU 占用：Pilot 的资源消耗问题反复出现了多次，需要重点关注。
- Mixer 的内存占用：Mixer 的缓存到目前为止还尚未完善，有风险。
- 业务应用的成功率：尤其是启用了 mTLS 的 Istio 服务网格，应该着重关注。
- 业务应用的响应时长：响应时长有可能受到 Envoy Sidecar 和 Mixer/Adapter 的多重影响，需要重点关注。
- 关联服务列表：应根据在 10.4.1 节中制定的关联服务列表，提高对影响范围内的服务的监控级别。

10.4.3 测试验证

根据在 10.4.1 节中制定的功能需求对试用服务进行功能测试，在测试通过之后进行性能和疲劳测试，观察各方面的性能指标是否符合，如果性能出现下降，则可以尝试扩容，提高资源分配率。关键组件的性能下降有可能是 Istio 自身的问题，应检查社区 Issue 或提出新的 Issue。

此处是一个关键步骤，如果测试方案不符合实际情况或者预期目标无法达到，则强烈建议放弃试用。

10.4.4 切换演练

在功能和性能测试全部通过之后，就应该进行试用服务和后备服务之间的双向切换的演练，在双方切换之后都应该重复进行在 10.4.3 节提到的验证过程，防止故障反复。

切换演练是试点应用的最后一道保险，在网格严重故障之后能否迅速恢复业务，全靠这一步的支持。

10.4.5 试点上线

在通过测试验证和切换演练的过程之后，就可以将试用的网格应用上线到生产环境开始试运行了。和所有其他上线活动一样，在上线之后需要提高监控级别，关注试用服务自身和试用服务影响范围内的相关功能的健康情况。

反侵权盗版声明

电子工业出版社依法对本作品享有专有出版权。任何未经权利人书面许可，复制、销售或通过信息网络传播本作品的行为；歪曲、篡改、剽窃本作品的行为，均违反《中华人民共和国著作权法》，其行为人应承担相应的民事责任和行政责任，构成犯罪的，将被依法追究刑事责任。

为了维护市场秩序，保护权利人的合法权益，我社将依法查处和打击侵权盗版的单位和个人。欢迎社会各界人士积极举报侵权盗版行为，本社将奖励举报有功人员，并保证举报人的信息不被泄露。

举报电话：（010）88254396；（010）88258888
传　　真：（010）88254397
E-mail：dbqq@phei.com.cn
通信地址：北京市万寿路 173 信箱
　　　　　电子工业出版社总编办公室
邮　　编：100036